纺织品纹样设计

主 编 高 洁 陈 欢 陈海玲

副主编 衣明珅 杨晓丽 李桂林

张城瞻

参 编 彭韵琛 张 兰 阎石发

北京理工大学出版社

BEIJING INSTITUTE OF TECHNOLOGY PRESS

内 容 提 要

本书遵照纹样设计的认知规律编写而成，从纹样的风格讲起，介绍了纹样的设计方法，注重项目实训，注重行动和创造能力的培养。本书凝聚了经验丰富、资历深厚的专家、学者长期积累的专业教学经验，书中配有大量的国内外优秀作品案例，为纺织品纹样设计教学提供了良好的创新生态环境。教材配套数字化教学资源，同步建成了国家精品在线开放课程，希望可以为学习者提供全面而深入的学习资源，丰富学生的知识和经验，提升学生的能力和素质。

本书可作为高等职业院校家纺设计专业教材，也可作为平面设计、服装设计、纺织品设计相关专业人士的参考书。

图书在版编目（CIP）数据

纺织品纹样设计 / 高洁，陈欢，陈海玲主编.--北京：北京理工大学出版社，2024.4

ISBN 978-7-5763-3943-7

Ⅰ.①纺…　Ⅱ.①高…②陈…③陈…　Ⅲ.①纺织品—纹样设计　Ⅳ.①TS194.1

中国国家版本馆CIP数据核字（2024）第092313号

责任编辑：王梦春	文案编辑：邓　洁	
责任校对：刘亚男	责任印制：王美丽	

出版发行 / 北京理工大学出版社有限责任公司

社　　址 / 北京市丰台区四合庄路6号

邮　　编 / 100070

电　　话 / (010) 68914026（教材售后服务热线）

　　　　　　(010) 68944437（课件资源服务热线）

网　　址 / http：//www.bitpress.com.cn

版 印 次 / 2024年4月第1版第1次印刷

印　　刷 / 河北鑫彩博图印刷有限公司

开　　本 / 889 mm×1194 mm　1/16

印　　张 / 8

字　　数 / 223千字

定　　价 / 89.00元

序 言

中国纺织制造产业能力与贸易规模稳居世界首位，对世界纺织品服装出口总额的增长贡献率超过 50%。中国纺织产业正聚焦科技、时尚、绿色转型发展，数字技术与先进制造深度融合，纺织品纹样设计是纺织品迈向时尚的关键。

高洁老师毕业于广州美术学院，她结合学校"专业融入产业、教学融入企业"的职教办学理念，聚焦"创新＋复合＋应用"型家居设计人才培养，在多年教学实践基础上，精心编写了《纺织品纹样设计》教材，该教材内容包括纹样的基本风格、纹样的设计方法和纹样的创新设计三大模块，对培养纺织品纹样设计产业高素质技术技能人才具有很好的促进作用，体现了"三教"改革成果。

产教融合、内容充实：教材框架清晰，章节严谨、内容充实，案例丰富，应用性强，充分体现了艺术设计专业的教学特色。同时教材为职业教育国家精品在线开放课程的配套教材，为共享式、开放型的课堂提供了最佳平台，让学习更加高效和有趣，在同类教材中具有较高的推广价值。

数字技术、创新教法：教材具有内容创新、方法创新、模式创新的教学特色，充分考虑了学习者的学习需求和数字化技术应用，教材内容贴近实际、易于理解。教材在内容编写方面"述"得全面、"引"得精妙、"导"得明确、"学"得透彻、"练"得实在、"拓"得丰富、"评"得合理。

项目导向，适用面广：教材注重教材的思政育人功能和设计实践应用，每个章节的设计案例选题精巧、导向明确，涵盖了企业实际项目设计全流程。能有效培养学生掌握设定目标与研究路径，又能善用各类设计工具与资源提出翔实且落地的解决方案和创作能力。

《纺织品纹样设计》教材内容贴近学生学习实际和职业教育实际，体现了由浅入深、由易到难、循序渐进的原则。希望通过持续的建设、迭代与更新，这本教材在系统性、迭代性、实用性等方面形成自身特色，为推动职教设计教育的质量提升做出更大的贡献。

广东职业技术学院校长／教授

吴教育

2024 年 1 月

前言 Foreword

党的二十大报告指出"必须坚持以人民为中心的发展思想"，未来中国的发展方向，归根结底是为了不断给人民创造更高品质的生活。近年来，我国泛家居行业快速增长，家装产业将自身发展融入国家发展大局之中。"纺织品纹样设计"是一门涉足艺术、设计、文化和技术领域，具有深厚的历史和文化背景的课程。随着现代人对家居环境的重视度不断提高，设计新颖、风格独特的纺织品逐渐受到人们欢迎。纹样作为影响纺织品表现形式与审美风格的重要因素，凭借丰富的风格、元素、色调、构图等，可打造出层次多元的艺术效果，使得纺织品更具装饰价值，发挥点缀室内空间、营造浪漫温馨室内环境氛围的作用。

本书第一章为"纺织品纹样的基本风格"，是本门课程学习的"基础"，注重学习者的模仿和认知能力的培养；第二章为"纺织品纹样的设计方法"，是本门课程学习的"基本"，注重学习者的接受和应用能力的培养；第三章到第七章为"纹样设计主题项目实训"，是本门课程学习的"基点"，注重学习者的行动和创造能力的培养。本书内容是以家纺设计师工作岗位能力为依据，凸显教材的职业性；以企业命题实践任务为驱动，以项目为导向，凸显教材的实践性；以提高学生学习能力为中心，以课程为依托，实现课程的开放性。本书中大量的图例和实例是编者多年来从事纺织品纹样设计课程教学的成果累积，第三章到第七章的企业实践案例是历届学生的优秀实践作品。

本书教学内容及课时安排如下。

教学内容及课时安排

章节	内容		课程模块	课时分配	
第一章	纺织品纹样的基本风格	第一节 时期特色风格	专业基础	1	4
		第二节 地区特色风格		2	
		第三节 经典特色风格		1	
第二章	纺织品纹样的设计方法	第一节 纹样的元素	专业知识	4	8
		第二节 纹样的构图		4	

章节	内容	课程模块	课时分配	
第三章	"唐宋诗词"主题项目实训——径幽闻草香		12	
第四章	"中华韵律"主题项目实训——筠乐		12	
第五章	"地域文化"主题项目实训——梦回大唐	专业实践	12	60
第六章	"东方神话"主题项目实训——山海经·知音		12	
第七章	"关爱儿童"主题项目实训——巡回·马戏团		12	
总课时			72	

为提高数字教材的应用效果，本书配套一系列的数字化教学资源，包括电子教案、课件、微课、动画、虚拟仿真资源、配套实训素材和课后专项习题等，并以二维码的形式穿插入相应的章节当中，实现线上线下时时可学、处处能学、人人皆学的目标，同步建成了国家精品在线开放课程（课程网址：https://www.xueyinonline.com/detail/240375161），形成数字化教材应用的生态闭环。

本书由广东职业技术学院高洁、陈欢、陈海玲担任主编；由广东职业技术学院衣明坤、杨晓丽，广州华立科技职业学院李桂林，广州城怡空间设计有限公司张城瞻担任副主编；彭韵琛、张兰、阎石发参与编写。其中第一、二、四、五章由高洁编写，第六、七章由陈欢、陈海玲、杨晓丽共同编写，第三章为衣明坤、李桂林、张城瞻共同编写，素材收集与整理由彭韵琛、张兰、阎石发共同完成。全书由高洁统稿。本书编写得到了北京理工大学出版社、广东省家纺家居行业协会等相关单位的支持，广东职业技术学院艺术设计学院的领导及同人也给予了无私的帮助，同时，编写过程中借鉴参考了一些论文、著作和设计案例，在此一并对他们表示衷心的感谢。

由于时间仓促，书中不足之处在所难免，恳请广大专家、同行和读者批评指正。

编　者

目 录 CONTENTS

第一章
纺织品纹样的基本风格

第一节　时期特色风格

述

　　本节讲述巴洛克洛可可时期的纹样设计、文艺复兴时期的纹样设计、新艺术运动时期的纹样设计和中世纪时期的纹样的设计特征。在每个特色风格中会详细讲解其风格特点、产生背景、历史渊源及其独特的艺术表现、代表性人物或相关研究等。通过对不同时期的风格进行不同角度的阐述，帮助学生充分了解与认识纺织品纹样在不同时期的特色风格。

导

知识目标	了解并掌握巴洛克洛可可时期、文艺复兴时期、新艺术运动时期、中世纪时期的纹样风格特色
能力目标	具有获取、收集、处理、运用信息的能力和创新精神，并且具备对各个时期特色纹样的分析能力
素质目标	能够结合各个地域及不同历史时期风格特征进行特色纹样辨识分析，且有一定的创新设计思维和学习能力，培养审美能力

一、巴洛克洛可可时期的纹样设计

图 1-1-1 凡尔赛宫内部

图 1-1-2 电影《绝代艳后》剧照

图 1-1-3 电影《伊丽莎白：黄金时代》剧照

图 1-1-4 电影《战争与和平》剧照

巴洛克和洛可可是 17—18 世纪流行于欧洲的两种艺术风格，两者都属于贵族艺术。巴洛克风格是 17 世纪欧洲艺术的总称，它发源于罗马后迅速在意大利乃至全国范围内流行起来，并传播到法国、荷兰等国家。它的设计风格主要体现在教堂建筑、绘画、室内装饰（图 1-1-1）、庭院设计等各个方面。到了 18 世纪，轻快、秀气、纤细、典雅的洛可可风格取代华丽、夸张、矫揉造作的巴洛克风格，成为全欧洲艺术风格的主流。

巴洛克在葡萄牙语中是奇特古怪的意思，在法语中代表一种凌乱的美丽。巴洛克风格以浪漫主义的精神作为形式设计的出发点，反对古典主义的严肃、拘谨、偏重于理性的形式，赋予了更为亲切和柔性的效果。洛可可风格的艺术特点是装饰极尽繁复、华丽，色彩绚丽多彩，具有轻快流动、向外扩展的艺术效果（图 1-1-2）。

PPT：巴洛克洛可可时期的纹样设计

■ 风格特点

最具代表性的巴洛克建筑是凡尔赛宫。我们也可以从经典影视作品的《伊丽莎白：黄金时代》（图 1-1-3）、《战争与和平》（图 1-1-4）中深切感受宏伟的巴洛克艺术。在巴洛克风格服饰设计中涉及的纹样工艺有提花、印花、蕾丝面料及刺绣、复古织带和流苏等，其特点为繁复夸张、富丽堂皇、气势宏大，表现出富于动感的境界。

微课：巴洛克洛可可时期的纹样设计

■ 家居空间

巴洛克和洛可可风格有着共同的特点，即精致且细腻，在设计中频繁地使用"C"形、"S"形等涡旋形曲线和弧线。经典的巴洛克风格卧室中使用大量的卷草纹装饰墙面，同时选用浮雕家具等与现代风格碰撞相融合。用黄铜打造的复古壁灯、巴洛克式的金色雕花与卷草纹提花床品相呼应，为大众带来一场复古的巴洛克艺术的视觉盛宴（图 1-1-5、图 1-1-6）。

■ 家居产品

往日精致复杂的巴洛克艺术在如今与现代风格的碰撞下已发生了巨大的演变，在家居产品设计上，主要集中在床品、窗帘、墙布、沙发、地毯、毛巾、浴袍等，体现出其艳丽奢华的贵族气质。具有简约欧式的巴洛克主题的纹样提花以经典卷草纹、大型花朵、条纹、徽章与拱形结构等纹样为主，趋向简约化，偏复古色系，面料为光泽感好的真丝、丝绵、精梳棉、天鹅绒、丝绒材质，为高奢欧式风格带来超质感的视觉体验（图 1-1-7、图 1-1-8）。

图 1-1-5　Roberta Valerio 空间　　图 1-1-6　Giorgio Baroni 空间　　图 1-1-7　Maison Anne Carminati 巴洛克主题产品　　图 1-1-8　Beaumont & Fletcher 面料设计

■ 创意纹样

巴洛克洛可可时期的纹样展现出多样化的设计题材（图 1-1-9）。经典的拱形结构再现 17—18 世纪的女性人物、扇子等设计元素，插画式风格轻松自然，打破传统纹样设计程式（图 1-1-10）。

■ 刺绣工艺

刺绣工艺一直是巴洛克和洛可可风格主题设计的经典工艺表现手法。在巴洛克时期，法式刺绣在皇室贵族的家居服饰中频繁出现，立体的珠片绣、垫绣等百种工艺可谓精美绝伦。此类顶尖奢华的刺绣工艺在现代社会中继续沿用到了各大奢侈品牌的设计中，为高端客户提供服务（图 1-1-11）。同时，家居市场为了迎合现代消费者的需求，设计师的创意层出不穷，通过各种创意设计将巴洛克和洛可可风格的纹样与现代家居产品设计进行完美结合（图 1-1-12）。

■ 编织饰边

在巴洛克和洛可可风格主题设计中，奢华饰边也是非常常见的，其主题风格浓厚、款式极为丰富，精致的金属线、工序复杂的流苏、层次丰富的编织绳结都充分展示出巴洛克和洛可可风格纺织品的贵族气息（图 1-1-13）。近年来，奢华风主题盛行，夸张的穗饰装饰成为辅料装饰中最值得关注的方向。设计师尝试使用细绳、缎带、流苏等多层叠加的方式进行设计，以高饱和度、丰富艳丽的色彩为重点，呈现出更具表现力的巴洛克和洛可可风格，这些极具光泽感的辅料相互搭配运用，大大增加了产品的奢华感（图 1-1-14）。

图 1-1-9　Austin Horn Collection 床品套件　　图 1-1-10　Pierre Frey 窗帘　　图 1-1-11　Beaumont & Fletcher 重工面料　　图 1-1-12　Valeron 高级定制

二、文艺复兴时期的纹样设计

"文艺复兴"这一名词在14—16世纪时已经被意大利的人文主义作家和学者所使用。欧洲的文化艺术在希腊、罗马古典时代曾高度繁荣，但在中世纪"黑暗时代"却逐渐衰败落寞，直到14世纪后才获得"再生"与"复兴"，因此称为"文艺复兴"。文艺复兴时期的纹样主要体现了艺术和科学相结合的艺术特点，纹样设计极具表现力，平面的装饰性构图，生动细腻的植物和人物描写，表现执着追求人的精神与力量。

■ 风格特点

文艺复兴时期的风格特点有着区别于其他时期风格的自身鲜明特点，主要体现在绘画和建筑上（图1-1-15），它的风格更加追求自然、简练与稳健，以区别于修饰的烦琐和人为的造作。全新的观念、全新的理想是文艺复兴时期风格的首要理念，它是一种全新行为的体现。文艺复兴时期的风格还主要表现在它的现实性、人文性、写实性与务真性上，在很大程度上是基于一种科学的理念和实际的操作（图1-1-16）。这种对艺术带有某种严格意义上的追求促使文艺复兴艺术建立起了自己独特和鲜明的艺术风格及特色，为世人所称颂。文艺复兴时期的艺术推动了整个艺术的发展，并为后来的一些艺术风格起到了铺垫作用。

微课：文艺复兴时期的纹样设计

图1-1-13 Declercq Passementiers 窗帘编带

图1-1-14 Ulyana Sergeenko 高定时装

图1-1-15 圣彼得大教堂

图1-1-16 文艺复兴时期女装

■ 古典花卉

现代廓形与简约的欧式花纹结合尽显优雅复古（图1-1-17），工艺方面多采用提花工艺，近几年印花蕾丝花卉逐渐代替以往机绣蕾丝，独特且有趣味（图1-1-18）。

PPT：文艺复兴时期的纹样设计

■ 几何纹样

偏向古典风格的简约几何纹样能够营造一种优雅的高级感和品质感。运用马赛克这种整齐排列的表现手法，体现了文艺复兴时期主张简洁、平衡和对称的风格特征。运用在现代服装设计中，尽显复古与现代碰撞的经典，令人印象深刻（图1-1-19、图1-1-20）。

图1-1-17 House of Hackney 丝巾纹样

图1-1-18 古典花卉裙装

图1-1-19 House of Hackney 几何纹样抱枕

图1-1-20 Valentino 高级定制

■ 卷草花纹

卷草花纹的设计灵感主要来源于自然界中的花草，这些花草经过艺术化处理，形成"S"形波状曲线排列，构成二方连续图案，线条曲卷多变，花朵繁复华丽，叶片曲卷有弹性，叶脉旋转翻滚，富有动感，其花草造型多曲卷圆润，充满了自然的韵味和动感，整体结构舒展流畅，饱满华丽，充分展现了富丽华美风格（图1-1-21、图1-1-22）。

三、新艺术运动时期的纹样设计

19世纪西方文明经历了文艺复兴、宗教改革、启蒙运动和第一次工业革命后，初露社会阶级的流动，中产阶级开始崛起；新艺术运动则是19世纪末到20世纪初在欧洲和北美十多个国家产生并发展的一次影响面相当大的"装饰艺术"运动，它是一次内容广泛的设计形式主义运动，涉及建筑、家具、产品、首饰、服装、平面设计、书籍插画等，甚至雕塑和绘画艺术都受到了影响，其影响长达十余年，是艺术设计史上一次非常重要的形式主义运动。这场运动实质上是英国"工艺美术运动"在欧洲大陆的延续与传播，但是在思想理论上并没有超越"工艺美术运动"。

■ 纹样特点

新艺术运动时期，在人们的物质生活逐渐丰富后，随之而来的是各种快时尚带来的资源浪费和环境污染，人们开始反思这种千篇一律的审美，继而希望从那个时代的辉煌艺术中探寻一种新的复辟。新艺术运动时期的设计风格具有程式化的构图，纹样设计中充满着各种曲线图形，通常在画面中由一个独立的单元不断重复，同时花型设计得较为复杂，且元素与元素之间相互穿插。这个时期的纹样设计风格其实是受到了日本版画艺术的影响，特点是花型边缘清晰，带有明确的边线，画面元素构成结构线来切割画面。新艺术运动鼓励艺术家从事产品设计研发，倡导实现技术与艺术的统一。

■ 威廉·莫里斯

新艺术运动的发起者及传播者威廉·莫里斯倡导自然主题的装饰纹样，将这场设计运动推向了风口。莫里斯在最初设计的图案中，经典植物纹样的设计最为突出。这些纹样被他大量地应用在墙纸及各类纺织品中。现代设计师喜欢将莫里斯的植物纹样用于窗帘、床上用品、地毯、墙布等布艺产品及各类现代室内装饰品中，具有强烈的装饰性和自然主义风格，显得大气、优雅、稳重。带有莫里斯植物纹样的墙布或其他布艺产品与其他室内设计结合，往往会产生稳重华贵与清新田园相结合的效果。由此可见，莫里斯图案的设计表现蕴含了在自然、艺术、秩序上不同的"心理的距离"的效果（图1-1-23、图1-1-24）。

■ 穆夏艺术

捷克画家、装饰艺术家阿尔丰斯·穆夏是欧洲杰出的装饰艺术家之一，他在传统的基础上创造了一种独特、创新的艺术语言，被誉为"新艺术运动时期的辉煌旗手"。穆夏将艺术和生活联系起来，其绘制的海报插画以其多元化的装饰艺术特色和朦胧的女性美引领着20世纪60年代的设计风潮，这种夹杂着流畅自然曲线和女性柔美力量的装饰图案为家居带来华丽而慵懒的装饰效果，并且形成了独树一

图1-1-21　入画墙纸

图1-1-22　Rubelli Casa 丝巾纹样

微课：新艺术运动时期的纹样设计

PPT：新艺术运动时期的纹样设计

帜的"穆夏"风格美学，这对后来的设计产生了重大影响（图 1-1-25、图 1-1-26）。

图 1-1-23　Morris & Co.　　　图 1-1-24　Morris & Co.　　　图 1-1-25　穆夏纹样　　　图 1-1-26　MFA 美术
　　　　　家居　　　　　　　　　　　纹样设计　　　　　　　　　　　　　　　　　　　　　　　博物馆展品

四、中世纪时期的纹样设计

476 年西罗马帝国灭亡到 15 世纪文艺复兴运动开始的这段时间，史称中世
纪。在欧洲中世纪时期，基督教成为封建统治的有力支柱和人们的精神生活寄
托。在审美思想上崇尚"上帝就是美，美就是上帝"。这个时期的纹样设计大多
源于宗教的建筑、纺织品，具有装饰华美、刻画细腻的特点。

微课：中世纪时期
的纹样设计

PPT：中世纪时期
的纹样设计

■ 哥特艺术风格

哥特艺术风格的产生和发展受到社会文化与宗教的影响，随着时代的变迁与
多种文化融合，发展成了独特的艺术特质，也成了极具研究与使用价值的艺术风
格。哥特艺术风格被广泛地运用在建筑、雕塑、绘画、文学、音乐、服装、字体
等各个艺术领域，其具有夸张的、不对称的、奇特的、轻盈的、复杂的和多装饰
的艺术特点。哥特艺术风格中最经典的元素当属哥特式字体。哥特式字体是古代
教会等机构用来抄写的艺术字形，是一种相当华丽的书写和印刷风格。近些年，
哥特式字体非常流行，被广泛地应用到服饰和家居上，以其最直观的设计语言表
达着冷酷、暗黑风格，许多大牌把哥特式字体运用发挥到了极致（图 1-1-27、图 1-1-28）。

■ 拜占庭艺术风格

拜占庭艺术风格是 4—15 世纪以拜占庭为中心的东罗马帝国和基督教教会相结合的艺术，其目
的是与崇拜帝王和宣扬基督教神学。其风格特点是晚期罗马艺术和中东地区艺术形式相结合，并且
带有浓郁的东方色彩。拜占庭艺术在教堂建筑、圣像画、镶嵌画、壁画、细密画及工艺美术等领域
都有很大成就，到了后期其风格则更加倾向于公式化和概念化（图 1-1-29）。

拜占庭艺术风格中比较出名的是马赛克艺术，它从古罗马时期的瓷砖图案中延伸而来，以旋
转、对称的圆形几何构图叠加形成多维度空间错视效果，是意大利经典风格的延续。经典马赛克艺
术与现代风格相结合，赋予产品更加年轻前卫的风格特色（图 1-1-30）。

图 1-1-27　H&M 男装　　　图 1-1-28　哥特艺术　　　图 1-1-29　拜占庭　　　图 1-1-30　Tessitura Toscana
　　　　　　　　　　　　　　　　　　　风格家居产品　　　　　　　教堂内部装饰　　　　　Telerie 餐桌布艺

1. 在生活中寻找本节所讲的四个时期中任意一个时期风格的纹样，并进行特色纹样分析。

2. 从你分析的纹样中，尝试复刻 1 张（AI 制图），尺寸规格为 30 cm×30 cm/300 dpi。

第二节　地区特色风格

本节讲述中国风格纹样设计、日本风格纹样设计、地中海风格纹样设计、波斯风格纹样设计、印度尼西亚风格纹样设计、印度和巴基斯坦风格纹样设计、非洲风格纹样设计七个地区的纺织品纹样设计的风格。在每个地区特色风格中，会详细讲解其风格和特点。通过对不同地区特色风格的学习，帮助学生拓展创意思维，主动地发挥自己的潜能。

知识目标	了解并掌握中国风格、日本风格、地中海风格、波斯风格、印度尼西亚风格、印度和巴基斯坦风格、非洲风格纹样设计的特色，且能够结合各个地区及不同历史时期风格特征进行特色纹样辨识分析
能力目标	具有信息获取、自主学习的能力，并且具备对各个地区特色纹样的分析能力
素质目标	能够结合各个地域及不同历史时期的风格特征进行特色纹样辨识分析，通过纹样风格的学习，培养出具有审美趣味和发现美的眼睛

一、中国风格纹样设计

中国风格即中国风，是建立在中国传统文化的基础上，蕴含大量中国元素并适应全球流行趋势的艺术形式或生活方式。近年来，中国风被广泛应用于流行文化领域。在纹样设计中中国风格纹样也称为中式纹样，随着中国风日益强劲，近年来已经全面渗透到了许多国家的人生活的各个层面，如服装首饰、日用物品、家居装饰、园林建筑等，世界各国的不同阶层，都对中国风尚颇为喜爱。随着当下中国国力的日益强盛，中国风格的纹样设计也进一步走向世界。

图 1-2-1　艺之卉 HUI
高级定制

图 1-2-2　The Worldo
Finteriors 家居

图 1-2-3　Bassett McNab
家居

微课：中国风格
纹样设计

■ 手艺回潮

随着中国文化的传播和全球化进程的加速，越来越多的人逐渐意识到中国文化的独特魅力，更多具有中国风的产品得到当代年轻人的认可与追捧。在以传承与推动着国风及中式元素为灵感的设计复兴的浪潮中，涌现了众多优秀的创意和设计。与之相关的植物花鸟元素，从服装到家居设计领域，致敬传统的同时也在不断地寻求创新与突破，赋予中式风格多元的崭新面貌。

手艺回潮已经是一种大势所趋，手工制作代表了独一无二，同时也代表对文化传承的责任意识。在服饰刺绣工艺中，将传统苏绣、打籽绣、平绣、珠片绣、金线绣等多种传统工艺结合运用，以便带来更加丰富真实的纹样层次效果，成为备受追捧的纹样工艺表现形式，丰富细节设计带来服装的装饰新美学，实现了对传承文化内核的再挖掘、文化元素的再设计、产品功用的再丰富、品牌价值的再提升（图 1-2-1、图 1-2-2）。

■ 青花纹样

传统青花纹样作为一种符号，表达的不仅是一种观念，还承载着大量的情感元素。随着新中式风格的流行，青花瓷器图案开始频繁地出现在家纺设计中，蓝白相间的纹样风格独具特色（图 1-2-3）。青花纹样不仅能给受众带来巨大的审美愉悦，还因为其内在的文化价值带给受众强烈的归属感和感召力，满足人们的情感心理需求。除了传统的青花图案，设计师还将中式花鸟、树枝、藤蔓等元素加入设计中，使它们在现代的设计理念中发挥新的作用。这些元素不仅具有浓郁的中国传统文化色彩，还通过设计师的精心构思，与现代的设计元素融合，呈现出全新的艺术形态。例如，中式花鸟图案随着现代设计理念的引入，在保留传统韵味的同时还注入了更为精致、简约和现代化的设计元素，成为现代家居领域的重要设计元素（图 1-2-4）。

■ 龙凤呈祥

"天子布德，将致太平，则麟凤龟龙先为之呈祥。"出自孔鲋《孔丛子·记问》一书，后以"龙凤呈祥"指吉庆之事。龙凤呈祥在我国拥有千年的历史，许多带有祝福的事物都离不开这两物。龙和凤，一个是众兽之君，一个是百鸟之王，一个变化飞腾灵异，一个高雅美善祥瑞，两者结合便有了龙凤呈祥、吉祥如意的祥和之气。龙凤呈祥的纹样寓意是福山寿海，是古代龙袍和官服下摆的常用纹样，在清代女

图 1-2-4　Zara 女装

性正装下摆也会使用。在现代设计中，龙凤呈祥纹样常应用在女装礼服和婚庆系列家纺产品中，以重工金线刺绣来体现产品的华丽和喜庆氛围。龙凤与江崖海水结合也是经典的寓意表达，在新国潮所倡导的简约模块化设计趋势下，该纹样以一种更加立体和线条清晰的海水轮廓来呈现（图 1-2-5、图 1-2-6）。

■ 古风纹样

　　"古风"以中国的传统文化为基调，结合中国传统的文学、琴棋书画、诗词歌赋等，经过不断的发展磨合，形成了比较完备的音乐、文学、绘画等艺术形式。这种类型的图案是围绕着仙鹤、花鸟、楼宇等元素展开设计，其中仙鹤以其神秘、典雅的特性，将传统绘画与新设计思想有机结合在一起，既是民族特色的体现，又是对中式创新和现代化的思考与实践。其色彩方面偏向于粉色、淡紫色等，营造出温馨、舒适、浪漫的氛围（图1-2-7、图1-2-8）。

二、日本风格纹样设计

　　日本纹样受中国佛教和儒家文化的深厚影响，并且吸收了中国士大夫阶层的自然情怀，使日本人具有赞赏大自然花卉的美学意识，不重视写实性，而偏重装饰性、抽象性。近年来"和风"这个词很是流行，和风就是日本的风格，比如我们熟知的和服就是日本最具代表性的民族服饰之一。和服上极具代表性的纹样就是花卉纹样，和服的特点也大多以碎花元素、典雅的色调为主，日本的传统纹样反映了日本民族的精神特征，其以叙述性观念为创作根基。同时，日本花卉纹样有多种配合，如风花雪月、七种秋草、梅花黄莺、松竹梅兰、狮子牡丹、梧桐绿竹、芒草明月、胡枝菊花、红叶瑞鹿、流水木筏等组合。

　　盛唐时鉴真大师东渡，无论文字、服饰、饮食，还是文化、宗教、起居，建筑物的结构、制式等，日本与中国都有着极其相似的地方。奈良时代因受唐文化的影响，出现诸多唐草纹样。日本风格纹样设计整体柔和致美、层次分明、错落有致。传统的和服纹样给软装领域带来新的灵感，那些由植物、花鸟构成的带有观赏性的和服花纹经过现代化的设计和配色，给各类产品设计增加别致的艺术感。

■ 水波纹样

　　水波纹样源自古代波斯，经丝绸之路传到中国后，又在日本盛行。在家居产品设计中，多运用中性色调来延续经典纹样，或做纹理填充来烘托室内庄重的氛围；在床上用品设计中，简化后的纹样增加现代化的配色，能够吸引更多的年轻消费群体（图1-2-9、图1-2-10）。

■ 仙鹤纹样

　　《淮南子·说林训》记："鹤寿千岁，以极其游"，用鹤纹蕴含延年益寿之意。古人以鹤为仙禽，寓意长寿。在日本的和服纹样中仙鹤也是常见的元素。仙鹤纹样作为一种文化的象征元素，在历史的进步中也在不断地补充与更迭，这也让鹤纹有了更多的延伸意义。除了单独出现的形式，鹤纹也经常和其他的吉祥纹样一起搭配使用，所表达的含义更加丰富。鹤纹运用到家居纹样设计上，主要侧重展示仙鹤在空中不同的飞翔姿态，底纹的运用是关键；在现代产品设计中，仙鹤设计往更加年轻化的色彩运用和纹样叠加方向延伸（图1-2-11、图1-2-12）。

图 1-2-5　郭培高级
定制礼服

图 1-2-6　沐妍高端婚庆
床品

图 1-2-7　Wendy
Morrison 家居

图 1-2-8　RECLUSE
女装

图 1-2-9　Arte 墙纸

图 1-2-10　La Redoute Interieurs

图 1-2-11　Becquet 纹样设计

图 1-2-12　Crane 纹样设计

■ 松树纹样

日本人一直坚信松树上有神明栖息，这种想法也与松树一年四季不落叶有关。除用作纹样外，松树纹样还会被用来制作门松，充当神明。松树纹样有延长寿命、开运招福的吉祥寓意，是非常受欢迎的纹样。松树在我们的传统观念中，就是健康长寿的象征，参加长辈的寿宴时，我们也会习惯性地说一句"福如东海长流水，寿比南山不老松"。松树纹样是描绘松树、松叶的装饰纹样，松树四季常青，被人们寄予傲骨铮铮的品格和长寿健康的期望。在设计表象中，小松树或松树的枝干部分常被强调，松、鹤纹样的结合往往更富有寓意，松树纹样多以绘画式构图布局，呈现苍老盘曲却坚毅有力的松树干，形状似针、排列似扇的松叶形态（图 1-2-13、图 1-2-14）。

■ 樱花纹样

日本是樱花之国，所以樱花纹样的应用也是非常常见，樱花象征着热烈、纯洁、高尚，是日本的国花。在日式和风的产品设计中能够经常见到樱花纹样。例如，在家纺产品设计中常和枝干一起出现或作为其他主图的点缀。这些具有日式花卉风格的图形以一簇一簇的花卉组合方式拼接，纹样设计形式按照一定的节奏和韵律进行排列，雅致且令人陶醉其中（图 1-2-15）。

微课：日本风格
纹样设计

■ 菊花纹样

菊花是日本纹样设计中常见的元素，和我们中国的菊花类似，但是日式纹样通常和云纹或水纹一起出现。日本菊花纹样也是传统寓意纹样，代表高洁长寿等，在日本同样深受民众的喜爱，其中的十六瓣八重表菊纹更是皇室最高的家纹。菊花纹样的设计在国内家纺产品中是极为罕见的，但在日式风格的室内软装和床上用品上却是常见元素，独幅簇状的大尺寸设计及与一些经典元素的组合都是一些品牌惯用的设计手法，运用拼接、刺绣的工艺手法能够给家纺产品增加不少新鲜感（图 1-2-16）。

图 1-2-13　Morgan&Finch 床品套件

图 1-2-14　熙延优品 墙布

图 1-2-15　Reveal Project 和服

图 1-2-16　日本刺绣红会 菊花纹样

三、地中海风格纹样设计

地中海地区物产丰饶、长海岸线、建筑风格的多样化、日照强烈形成的风土人文使地中海风格具有自由奔放、色彩多样明亮的特点。地中海风格的最大魅力来自其纯美的色彩组合。一提到地中海，我们首先想到的是纯美的色彩搭配：白色村庄与沙滩、碧海、蓝天连成一片；北非特有的沙漠、岩石、泥、沙等天然景观颜色；"不修边幅的线条和白墙"不经意涂抹修整的结果形成一种特殊的不规则表面；爬藤类植物是常见的居家植物，小巧可爱的绿色盆栽点缀其间。

地中海风格是9—11世纪起源于地中海沿岸的一种家居风格，它是欧洲沿地中海国家的典型代表风格。这种风格富有浓郁的地中海人文风情和地域特征，具有自由奔放、色彩明亮的特点。受到地域的影响，它们将海洋元素应用到家居设计中，给人蔚蓝明快的舒适感，有着无法比拟的建筑特色和人文内涵；颜色倾向于做旧，有自然的风吹日晒痕迹，比较自然，这些都是我们印象中的地中海。因为它的特殊地理位置，这个地区的纹样设计混合了许多不同地区、不同民族的元素形态，本地区的这些装饰花纹、并不是对以前样式的简单复制，而是对纹样的再次创新。

■ 地中海蓝

地中海的蓝是一种纯净的、深邃的、迷人的颜色，是一种夹杂着咸咸的海风、在无尽阳光下耀眼的蓝色。恰好这种风格的灵魂是"蔚蓝色的浪漫情怀、海天一色、艳阳高照的纯美自然"，在色彩上以海洋的蔚蓝色为基色调，白色村庄与沙滩和碧海、蓝天连成一片，甚至门框、窗户、椅面都是蓝与白的配色，将蓝与白的对比与组合发挥到极致，极具亲和力，给人一种阳光而自然的感觉（图1-2-17）。

微课：地中海风格
纹样设计

■ 圆形拱门

白灰泥墙、连续的拱廊与拱门是地中海风格的主要设计元素。区别于东南亚的拱形门，地中海室内的拱形通常都是比较粗糙、不加修饰的（图1-2-18），给人自然、淳朴的感觉；用拱门或半拱门来连接各个功能区，表现一种延伸感，让室内空间更有变化，视线也更为开阔。

■ 马赛克砖

马赛克瓷砖是在地中海室内装饰中的一种常见的手法，被用于地面、墙面的镶嵌、拼贴，一般会搭配一些不同花色的瓷砖、贝壳、鹅卵石、玻璃片、小石子等，切割拼装组合成一些地中海风情纹样，表现出自然清新的生活氛围，装饰性十足（图1-2-19）。

■ 做旧家具

地中海家具特点最突出的就是擦漆做旧的处理，这种处理方法可以让家具流露出复古家具才有的质感，还能展现出家具在碧海晴天之下被海风吹蚀的自然印迹。这种处理方式除了让家具流露出古典家具才有的质感，更能展现出家具在地中海的碧海晴天之下被海风吹蚀的自然印迹，在客厅一侧的休息区摆上这样的家具，再用绿色小盆栽、白陶装饰品和手工铁烛台装饰一番，便可形成纯正的乡村感（图1-2-20）。

图 1-2-17　地中海蓝

图 1-2-18　圆形拱门

图 1-2-19　马赛克墙面

图 1-2-20　Jennifer Squires
做旧家具设计

■ 手做产品

地中海地区物产丰饶、长海岸线、生活节奏缓慢、日照强烈，形成了多样化的风土人文，这些因素使地中海区域手工业十分繁荣，形成了独树一帜的风格特点。贝壳、小石子、海星等一些海洋元素都很好地在地中海风格中突显了天然的装饰性。柔和的布艺是地中海风格闲散生活的写照，作为基督教、犹太教和伊斯兰教的起源地，地中海地区有着复杂的历史和文化背景，因此，人们在室内布艺的使用上具有相同的喜好共性，大部分的人们对白色和蓝色的手做布艺都有着相同的爱好（图 1-2-21、图 1-2-22）。

图 1-2-21　Oak Furnitureland
家居

四、波斯风格纹样设计

波斯是伊朗在欧洲的古希腊语和拉丁语中的旧称译音，波斯风格的纹样主要以宗教信仰、神兽、花卉、植物为主，纹样中的装饰线条错综复杂，叶饰大体的特征是从一根母线上分岔出来，呈现出菱形及矩形的花饰造型。随着异国风情及多元文化在室内装修风格中的崛起，不少设计师纷纷开始重视民俗风对软装布艺领域的影响。从世界各地的民间艺术中汲取灵感，从古老的 IKat 染织文化到版画艺术、从波斯纹样到民间花卉、手工扎染效果的纹样等元素给家居设计领域带来了更多新的设计参考方向。

图 1-2-22　Jamini 手工餐具

■ 复古地毯

近年来，各大品牌竞相对古老的波斯地毯花纹进行花型再设计，用于软装产品的设计上，这种设计多运用深色背景及羊毛提花织物给春夏季的室内空间营造出浓郁的复古感，同样迎合了复古风潮的回归。

波斯地毯纹样具有深厚的人文性，形式上极具秩序美感，题材内容广泛而生动，真实反映了人们对自然的感知和生活体验。在地毯的纹样设计上，既有抽象几何图形组合样式的，也有具象形态样式的，形与形的组合有直线与圆形的穿插和切割呈现复杂的层次组合，体现出波斯人对形式美感追求的极致。在色彩方面通常会以深蓝、墨绿、橘黄、红、白、驼色为主，没有明显的高纯度用色，因而色对比相对较弱。此外，波斯地毯的纹样大多数呈细碎且密集的方式排布，色彩上接近点的空间混合，因而整体视觉效果显得斑驳而和谐，让人产生万花筒般的幻觉特征，同时其色域的合理划分又让画面具有高度的节奏感，不至于落入缭乱与无序中。从这些地毯纹样的设计中，我们可以窥见地毯工匠们高超的色彩把握能力和工艺制作技术，让人叹服不已，也为当代设计师们提供了宝贵的经验（图 1-2-23、图 1-2-24）。

■ 花卉纹样

在波斯风格纹样设计中，花卉纹样与几何图形相结合打造出焕然一新的视觉效果，撞色的设计运用更是颠覆了以往单色民间花卉纹样的经典形象。在波斯风格的纹样设计中，细节处会将叶子元素放大处理，赋予了纹样新的造型。近年来，深色背景开始成为波斯风格纹样设计的主流方向，印花、刺绣、提花工艺提升了面料的质感，营造出浓烈的极繁主义风格（图1-2-25、图1-2-26）。

图 1-2-23　Pierre Frey　　图 1-2-24　Zamani　　图 1-2-25　Baker Lifestyle　　图 1-2-26　Acne Studios
挂毯　　　　　　　　地毯　　　　　　　系列抱枕　　　　　　　围巾

■ 伊卡织物

"伊卡"是亚洲代表织物，源自马来语"Ikat"的音译，是最早的色织工艺，它原为马来人对扎线段染对花织物的称呼，后来这种称呼被国际所接受，Ikat 不但代表了这类织物，同时也代表了这种先绑染花纹再整经对花的织作技法。它的制作流程是先把经纱捆扎好，然后按设计好的纹样进行染色而后织布，成品有晕染般的效果。在印度，手工精湛的师傅可以制作经线纬线都染色的双伊卡。这种古老的伊卡染织文化赋予了纺织品纹样更多的设计灵感，将此工艺带来的晕染效果运用在天鹅绒、提花织物上，会带来浓郁的异域风情（图1-2-27、图1-2-28）。

微课：波斯风格
纹样设计

■ 野生动物

动物世界主题的纹样设计近年很是流行，从老虎、羚羊、火烈鸟、花鸟鱼虫到风格化的树木等生物形象都汇聚在一个纺织品纹样设计上，在柔软的天鹅绒和棉质面料上创造出具有叙事性的纹样设计（图1-2-29）。

■ 手工做旧

如同几年前流行把牛仔裤故意做旧磨破一样，如今纺织品领域也刮起了"做旧风"。做旧的手法会让产品更显沧桑感，虽然表面陈旧，但因为最后一道都是手工完成，因此价格不菲。手工做旧是源自地中海一带及周边乡镇古老的民俗文化，逐渐被人们所发掘，并且从中汲取灵感，使用多种色调对其进行重新诠释，他们将地方民俗纹样结合手工绘画工艺运用到布艺领域的设计上（图1-2-30）。

图 1-2-27　Lin wood 家居　　图 1-2-28　H&M 女装　　图 1-2-29　Pierre Frey 窗帘　　图 1-2-30　Zinc 手工
做旧纺织品设计

五、印度尼西亚风格纹样设计

印度尼西亚简称印尼，印尼风格作为印尼文化在艺术上的延伸完美地诠释了古典艺术与现代文明交融。印尼手工纺织文化有着几百年的历史，涉及工艺繁杂，从惊艳的雕版印花到绚丽的刺绣、手工染色都独具艺术特色。早期的印尼风格强调婉约、香艳、妖媚，但随着生活积累与沉淀也摒弃了一些浮华，把耐看的经典元素沉淀下来逐渐发展成如今的"新东南亚风"。印度尼西亚风格纹样设计美学吸收了印尼传统手工艺，致力于在印尼传统和浪漫优雅之间创造美学对话，在保存和传播手工艺技术的同时，将印尼的传统技术与法式的现代时尚巧妙地结合，为纺织品的纹样设计增添了独特的设计美学。

■ 拼布艺术

拼布具有多年传统手工缝制历史，随着服饰复古风和民族风的兴起，拼布以独特的装饰手法满足了人们对现代家居的改进需求并形成一种艺术形式。拼布艺术主要是将多种颜色、形状、大小不等的布料结合在一起，通过合理拼合产生新的具有装饰作用的纹样。设计师将拼布艺术作为设计灵感，应用到现代家居设计和服装设计领域，促使拼布逐渐朝着艺术装饰性、现代化、立体化方向进步（图 1-2-31、图 1-2-32）。

■ 密印碎花

密印碎花是印度尼西亚风格纹样设计的核心印花，在织物上将小尺寸花卉纹样以循环满版的形式排列，精致的小型花卉为该风格注入朝气与活力。枝状花卉散布在纯色底色之上，花朵的排列方式多种多样，或密集整齐，或聚集成簇，流露浓郁的印度风美感。运用醒目色调密集碎花有着甜美浪漫的季节气息，无论是浅色还是深色，密印碎花都能展现出不同的风情（图 1-2-33）。

微课：印度尼西亚
风格纹样设计

六、印度和巴基斯坦风格纹样设计

印度和巴基斯坦地区的传统纹样有着与众不同的地域特色与装饰美感，印度和巴基斯坦风格纹样是这个地区装饰艺术中的重要组成部分，也是古印度和巴基斯坦人民创造的艺术结晶。历经岁月变迁，不断受到外界环境与风俗习惯的影响而发展演变，在传统装饰纹样的设计上也体现了他们的文化心理和艺术审美。印度和巴基斯坦的纺织品纹样非常强调手工，无论是一层层的褶皱搭配大朵的立体花，还是具有毛绒感的毛线绣表现出的复杂纹样，都呈现了不一样的印度和巴基斯坦异域风情。

■ 木板印花

木板印花起源于印度北部和西部，也称为雕版印花，是印度非常古老而传统的手工布料染色印花工艺，也是当地流行的天然纺织面料制造工艺。可以毫不夸张地说，手工木刻印染是印度最受欢迎的手工技艺，是印度非物质文化遗产的精粹，其采用独特的方法和技艺生产出来的印花织物，不仅获得印度国人的喜爱，还输送到世界各地，受到追捧的同时也将印度的文化艺术推而广之。这种木板印花是由技艺精湛的工匠艺人在模板上雕刻出各式栩栩如生的花纹纹样，再涂上各色染料进行印染，采用这种独特的方法和技艺生产出来的印花织物，不仅获得印度国人的喜爱，还输送到世界各地，在受到追捧的同时也将印度的文化艺术推而广之（图 1-2-34）。

图 1-2-31 Profound   图 1-2-32 Profound   图 1-2-33 Zara 女装   图 1-2-34 ELLE Decoration
拼布夹克   拼布短袖 T 恤   床垫产品

■ 浓郁几何

结合几何元素的空间视觉美学和当代法式印度风的几何纹样与以往传统浓郁的风情有所不同，在保留传统风韵的基础上做了更多的精简与浪漫，色彩更具有现代时尚感，无论是在服用面料还是家用面料的设计中都展现出一股时尚潮流气息（图 1-2-35、图 1-2-36）。

微课：印度和巴基斯坦风格纹样设计

图 1-2-35 Zara 女裙   图 1-2-36 视觉味道靠枕

■ 线绣毛绒

线绣毛绒是一种中西方刺绣工艺相结合的艺术门类，有别于传统刺绣，绒绣所用的绣线是彩色羊毛绒线，由于绒线本身没有反光，有毛绒感，色彩丰富、层次清晰。这种工艺方法是印度经典产品设计的制作方法之一，通过不同颜色、不同质地的毛线来表现复杂或简单的纹样，这些纹样更显生动有趣（图 1-2-37、图 1-2-38）。

■ 镜面刺绣

装饰性刺绣一直是印度和巴基斯坦市场研发产品的重点，在装饰性刺绣的纹样设计中，大多采用珠片等材料结合花卉纹样。镜面刺绣是一种在织物基底上进行的重型精致金属刺绣，也称为 Shisha，是一种古吉拉特邦和拉贾斯坦邦流行的设计工艺，这种刺绣因为其对镜子和彩色线头的使用而知名，它将各种形状和尺寸的小片镜子融入色彩斑斓的刺绣中（图 1-2-39、图 1-2-40）。

图 1-2-37 Fila 线绣卫衣   图 1-2-38 造梦女巫靠枕   图 1-2-39 重工刺绣靠枕   图 1-2-40 镜面刺绣面料

■ 蕾丝镂空

在印度和巴基斯坦风格的家居产品的设计中，采用镂空蕾丝面料作为床品套件制作面料的主流。蕾丝的若隐若现给人以浪漫的视觉感受，结合白色、浅粉色等纯色，愈加突出了蕾丝部分，也更加凸显了品质感与设计感（图1-2-41、图1-2-42）。

七、非洲风格纹样设计

非洲有着世界上最广袤的撒哈拉沙漠，这个地方有着古朴粗犷的风俗民情。历经千万年，非洲大陆仍保存着较为完整而又传统的文化、仪式和种族，它也成为人类远古文明的基因和文化保存地。非洲北部的纹样风格受当地盛行的伊斯兰教与东方正教影响深远，其最早的艺术风格来源于撒拉哈沙漠岩石上的雕刻与绘画。非洲东部的游牧文化，强调的是个人的装饰。这个地区的纹样设计色彩浓艳、花形粗犷、颜色轮廓、光洁清晰，常使用的颜色有猩红、枣红、橘色、绿色、黑色等。

图1-2-41 华伦天奴女装高级定制

图1-2-42 华伦天奴高级定制

■ 西洋花砖

花砖最早出现于西班牙，是工艺美术运动风潮的产物，丰富的图案及鲜艳的色彩使其快速风靡至地中海及非洲、美洲等地区。到现在花砖成为非洲风格室内装饰的灵魂，在当代多元文化尤其本土文化的融合下，各式各样的花砖能让非洲风格更加跳脱，如今已逐渐演变为非洲风格中不可或缺的艺术符号。花砖深受马赛克艺术的影响，擅长通过色彩的变化和对比来突出视觉效果，花砖除具有中西杂糅的古典装饰韵味外，还记录社会生活的历史变迁和各阶层人群的审美价值取向，设计师们将花砖纹样结合不同载体进行设计创新应用，延续至今（图1-2-43、图1-2-44）。

■ 热带探险

非洲的气候特征奠定了非洲风格热带的情调基础，墙面、家具等大多数选用带有热带植物纹样的壁纸和面料，给空间带来无限想象力，有的时候也会借用大叶子类绿植去协调，甚至可以选择垂直花园为做视觉重点，来营造非洲风格的探险感（图1-2-45）。

微课：非洲风格纹样设计

■ 穿越东方

当前，我国别墅设计出现了很多新的设计理念，使别墅设计的内涵更加丰富。近年来，非洲风格在别墅的装饰设计中开始流行起来，优雅的非洲风格中注入中式底蕴，设计风格参照了中式庭院的布局结构，是提炼了传统中式设计后加工成新的设计语言，同时结合现代审美而形成的，这种穿越东方的设计风格可让传统的装饰语言更贴近现代人的审美。除了布局上的借鉴，在室内家居中带入中式元素，营造出带有中式传统韵味的非洲风格情调，让现代居家环境多了审美穿越层次感（图1-2-46）。

图 1-2-43 Profound   图 1-2-44 一砖一笙墙砖   图 1-2-45 Ardmore   图 1-2-46 非洲农舍
小花砖工装夹克   Design 家居

（1）寻找任意地区风格的纹样并进行特色纹样分析。

（2）从你分析的纹样中，临摹 1 张（AI 制图），尺寸为 30 cm×30 cm/300 dpi。

第三节   经典特色风格

　　本节主要讲述现代风格纹样设计、古典风格纹样设计和卡通风格纹样设计，以及 3 个大类别的经典特色的风格及其特征。在三大经典特色风格中，又按各自的归类分别讲解 17 个子类别的纹样设计特色。在每个特色纹样设计中，采用理论与实例相结合方法，重点介绍纹样特征、色彩搭配、设计技法及风格工艺等方面。帮助学生提升对经典特色风格的纹样设计的理解，并为学生在今后的设计工作中更好地拓展和拓宽思路奠定基础。

导

知识目标	了解并且掌握现代风格纹样设计、古典风格纹样设计和卡通风格纹样设计的纺织品纹样设计风格特色
能力目标	能够结合 3 个大类、17 个子类别风格的实用性与装饰性来进行纹样辨识分析，将纹样设计作为载体，把握纹样的造型、风格、色彩、材质之间的关系。能对案例进行剖析解读，提炼出纹样的设计和应用方法，为后续企业命题案例打下坚实基础
素质目标	具有获取、收集、处理、运用信息的能力、创新精神和实践能力，同时对三大经典特色纹样具备一定的分析和设计能力

一、现代风格纹样设计

现代风格的纺织品纹样设计有着非常典型的主观特色，这种风格的纺织品纹样设计能够更好地适应现代人快节奏的生活方式，简单的直线和几何形元素的混搭会更加突出实用性功能。同时，现代风格的纺织品纹样中常常伴随着简约性和抽象性，带给人们明快的时代感和时尚感。

进入 21 世纪以来，世界科技界出现了重大的突破和高速的发展，西方艺术领域也出现了急剧而繁复的变化。科技界和艺术领域中每次所出现的重大变化引起各种实质性的变化，这些都给纺织品纹样设计带来新的挑战。尤其是近一个世纪以来，西方美术史上所出现的各种思潮和流派，几乎都在印花纹样中反映出来。水彩写实画法，强调花卉纹样的精美造型、纹样色彩、写实逼真，强调大胆的笔触和飘逸的线条，纹样的色彩通透明亮（图1-3-1）；花卉纹样中平涂色块的表现技法，准确表现了植物花卉叶子的造型；那些具有印象派风格的色彩，运用写意的手法，具有浓烈的装饰效果（图1-3-2）。在本节中我们将从以下五个方面来学习现代纹样的风格特征。

微课：现代风格
纹样设计

■ 迪斯科纹样

迪斯科纹样的命名源于迪斯科音乐和舞蹈。迪斯科作为电子音乐的先驱，其包容性无与伦比，它不仅奠定了电子音乐的发展基础，而且为全世界人们带来了一轮又一轮的迪斯科艺术风潮。迪斯科纹样有着迪斯科般的风格特点，新鲜、多变、富有活力。

迪斯科纹样最初来源于美国影片《星球大战》，大多是描绘星系和宇宙主题的超人、外星人、天空流星等纹样（图1-3-3）。其主要特点是大部分花样以山地为主，用浓烈的原色点设计地球与其他较小、较远的星球，钟意用小的几何体来表示，有时也用小三角形、小五角星。以星际太空题材为主题的迪斯科文样，用迪斯科纹样体现科幻主题（图1-3-4），后来迪斯科纹样采用抽象派巨匠康定斯基和西班牙画家米罗的绘画作为服饰面料上的纹样，从两位大师的艺术中汲取营养，以强烈的色彩对比和点线面的形式构图，视觉效果强烈而时尚。印有迪斯科纹样的服饰品也会被赋予迪斯科个性，给人以富有活力、浪漫、新潮、潇洒的视觉感受。

   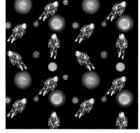

| 图 1-3-1 ALICE+ OLIVIA 女裙 | 图 1-3-2 Direct 水彩手法墙纸设计 | 图 1-3-3 Veer 图库迪斯科纹样 | 图 1-3-4 Pop 迪斯科纹样 |

■ 点彩纹样

点彩是一种绘画技巧，由印象派画家修拉首创，采用此种技法的画家被称为点描派。在现代，"点"是装饰艺术一种常见的手法，但普通的点通过修拉对色彩神奇的创造，变得宛如斑驳的阳光和飞舞的光点，成了色与光的神话。点彩派艺术出现后，很快被运用到印花织物纹样的设计中，并且作为最早的现代纹样出现了周期性的流行点。点彩纹样的纹样设计显得随意轻松。点彩纹样对于印花工艺有着较好的适应性，一直运用在家居和服饰的纹样设计中（图1-3-5、图1-3-6）。

■ 立体派纹样

立体主义开始于1906年，由乔治·布拉克与帕布洛·毕加索所建立。立体主义的艺术家追求碎裂、解析、重新组合的艺术形式。这种画面是以组合的碎片形态为艺术家们所要展现的目标。立体派画家探索画面结构、空间、色彩和节奏的相互关系，把自然形体分解成半透明的几何切面，追求一种几何形体的美。同时，它们在设计表现时相互重叠在画面上，出现无数的面，在造型和表现上突破了时空限制。在形象重叠与半透明的纹样设计中，几何式的结构突破了传统花型的程式（图1-3-7），追求形式上排列组合所产生的美感，探索画面结构、空间、色彩和节奏的相互关系，在造型和表现上突破了时空限制。立体派纹样应用于面料的设计中，让平面的布料仿佛具有了立体感，赋予纺织品独特的美感。（图1-3-8）。

■ 欧普纹样

欧普纹样来源于欧普艺术（Optical Art），又称为光效应艺术、视幻艺术或视觉艺术，在20世纪60年代流行于欧美。20世纪60年代以前，印花面料上的纹样仅限于苏格兰格纹、千鸟纹和人字纹等传统织纹。20世纪60年代后期，随着纺织和印染技术水平的提高，加上欧普纹样在设计形式上更加便于拷贝和复制，使欧普纹样得以广泛应用。

在现代产品设计中，一些以黑白或单色几何形构成的纹样总能给我们一种耳目一新的感觉。这些令我们视觉受到刺激、冲动、幻觉的纹样被称为欧普纹样。欧普纹样是利用几何学的错视原理，把几何图形用周期性结构、交替性结构、余像的连续运动、光的发射和散布，同时运用线与色的波状交叠、色的层次接续或并叠对比等手法，引起视网膜刺激、冲动、振荡而产生视觉错误和各种幻象，造成画面上的律动、震颤、放射、涡旋及色彩变幻等效果。运用几何错视原理形成的欧普纹样，其色彩搭配有时采用荧光色，十分炫酷（图1-3-9、图1-3-10）。

■ 计算机纹样

计算机辅助图形的创作始于20世纪60年代，一直流行至今，经久不衰。起初是一些数学家们用计算机画出复杂而具有韵味的曲线图形，这些图形独特的形式美引起了艺术家和科学家们的共同兴趣。20世纪80年代开始，人工智能技术的发展促进了计算机辅助图形创作的产生和发展，计算机辅助图形创作的产生和发展，使计算机辅助图形创作的作品被广泛地运用到纺织品面料的各个领域（图1-3-11、图1-3-12）。

图1-3-5　broadcast/
播女裙

图1-3-6　Kannal
面料纹样

图1-3-7　Desigual
女装

图1-3-8　Osborne&
Little 家居

图1-3-9 Poltrona Frau 沙发　图 1-3-10 Desigual 女裙　图 1-3-11 Kirkby 沙发设计　图 1-3-12 LESS 女裙

二、古典风格纹样设计

在古代，无论东方还是西方的纹样及色彩都是人类祈求解释超自然现象而产生的视觉语言，这些纹样之所以被称为古典纹样，是因为其设计形成了经典，久久不衰、世世相传。无论时代如何进步，纹样如何演变，其精华始终来源于古典纹样。古典纹样泛指运用古典艺术特征进行设计的纺织品纹样。纹样源于古典主义，以古代中式、古希腊、古罗马为典范的艺术样式，自 18 世纪影响至今。古典风格的纹样前调表现真理般的经典格式，造型完美，色调沉稳，追求纹样语言的规范与技巧性。在此节中我们将古典风格的纹样设计分为 6 个部分进行介绍。

■ 中国风纹样

中国的丝绸织物在织造上和纹样上无与伦比的精美，早已闻名于世。中国的染织纹样通过丝绸之路进入欧洲后对欧洲的染织纹样产生过持续的影响。在许多中国古典纹样中都具有吉祥祈福的含义，纹样中松、鹤寓意富贵、如意、长寿。中国古代的宫廷生活场景及古典小说情节也是中国风纹样的经典题材。中国风的纹样经常选用扇子、盘碟为载体来绘制纹样，画面丰富，画风细腻（图 1-3-13、图 1-3-14）。

微课：古典风格
纹样设计

■ 朱伊纹样

朱伊印花字面意思指的是 1760 年后在法国巴黎西南郊朱伊小镇生产的独特印花棉布，其采用的铜版印染技术于 1752 年由印度传入爱尔兰，后传播至欧洲各地，因其便宜且易于打理，迅速在法国掀起热潮，并在当地成立多家制造工厂。从广义上讲，朱伊印花通常适用于表示 18 世纪到 19 世纪初法国流行的田园图案的印花棉布。

朱伊纹样主要采用两种题材，一是用单色的配景画，主要以法兰西南部田园风景为母题，如农场小景、法兰西风景、四季的喜悦等纹样，有时还穿插一些富有幻想色彩的描写中国风俗画和风景的题材。第二种是在椭圆形缘饰内配西洋风格的人物或希腊、罗马神话、传说的神和动物、植物等具有古典主义风格的纹样。其纹样富丽凝重、雍容华贵，曾经风靡整个欧洲。采用单一色彩的风景画、人物生活场景，画面轻松和谐。椭圆形内加入人物元素或花卉元素使纹样刻画精细和复古（图 1-3-15、图 1-3-16）。

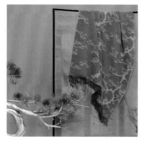

图 1-3-13　野兽派家居　　图 1-3-14　Amandax　图 1-3-15　Helena Springfield　图 1-3-16　Pierre Frey
　　　　　　产品设计　　　　　　　　女裙　　　　　　　　床品　　　　　　　　　　　家居

■ 铁艺纹样

正如亚洲人喜爱藤条和木质，欧洲人则更偏爱铁艺。在欧洲，铁艺制品经常和建筑结合在一起。室外的阳台栏杆、大门、院墙的围栏、室内的楼梯扶手、门把手、门锁、壁炉架等，这些铁艺与家居联系如此之密切，它们是室内装饰密不可分的一部分，以至于被用在了纺织品的装饰纹样中。铁艺纹样线条的涡旋纹纤细、规整（图 1-3-17、图 1-3-18）。铁艺纹样线条柔美，线条与线条相互重叠处捆绑在一起，形成铁艺独有的特色。

图 1-3-17　Scott Living 墙布

■ 佩兹利纹样

佩兹利纹样是欧洲非常重要的经典纹样之一，它是一个连接东西方文化，在染织美术设计领域中长盛不衰的传统装饰纹样。佩兹利纹样是一种以涡旋纹组成泪珠形或松果形纹样，它诞生于古老的亚洲山区，却以英国纺织小镇佩兹利来命名。它是中亚地区传统的装饰纹样，却被欧洲人赋予了时尚的特质，在它身上既存在着东西方文化的差异，又体现着这两种文化的交流与融合，既有严谨美的规律性，又充满了自由灵动的生命力。

传统佩兹利纹样与花卉元素相互组合，风格特征浓郁。运用规则排列的手法将佩兹利元素横向或竖向等距排列，别有一番风格。佩兹利元素的现代表现手法，纹样只保留着元素的外形，却依然掩盖不了其经典（图 1-3-19、图 1-3-20）。

图 1-3-18　London Art 家居

■ 纹章纹样

纹章原本是指显贵家族及骑士的身份象征标记，而纹章作为纹样，主要是指一种带有外框架结构的小纹样。这一时期的纹章纹样内描绘的图形多取材于庞贝古城的壁画。直到拿破仑时期，纹章纹样仍然很受欢迎。鸢尾花形的纹章则是代表法国王室的图腾，常与其他圆形、方形纹章一起作为装饰纹样。纹章纹样与现代的几何元素相结合，形成复合纹样，更加丰富（图 1-3-21、图 1-3-22）。

图 1-3-19　Cabana x Liberty

■ 忍冬花纹样

欧洲的新古典主义主张向辉煌的古代文明学习，并成为 18 世纪晚期以后欧洲艺术的主流。古希腊遗址中挖掘出的彩色陶盆等物品的装饰纹样体现了希腊人非常喜欢程式化的植物造型，他们喜欢的母题之一便是忍冬花饰。在中国传统纹样中，忍冬花被称为金银花，寓意美好。忍冬花卉程式化的排列方式，线条轮廓优美，经常使用在墙纸的设计上，形成对称的样式（图 1-3-23、图 1-3-24）。

图 1-3-20　Profound 夹克家居

图 1-3-21 Etten 纹样　　图 1-3-22 Zuber&Cie 纹样　　图 1-3-23 File 卫衣　　图 1-3-24 Advantage 纹样

三、卡通风格纹样设计

卡通风格纹样是一种在设计中广泛应用的纹样元素，其特色是色彩鲜艳、形状简化并富有想象力，在现代设计中被广泛地应用于各种设计领域，如平面广告、产品包装、纺织品、壁纸等。用卡通手法进行创意需要设计者具有比较扎实的美术功底，能够十分熟练地从自然原型中提炼出特征元素，用艺术的手法重新表现，卡通图形可以滑稽、可爱，也可以严肃、庄重。在卡通风格的影响下，纺织行业开始采用可爱、另类的卡通人物、动物、植物等形象作为其儿童纺织品的主打风格，这种流行反映了纺织品设计日益贴近艺术的趋势。卡通手法表现形式在纹样设计领域的应用已经形成一种全新的设计风格。我们将从六个方面介绍卡通风格的纹样设计。

■ 动物纹样

在卡通纹样的动物篇中，我们将动物分为走兽类、鸟禽类、水族类和昆虫类四个类别。虽然动物纹样的载体不同，但是它们有着共同的特性，即用卡通的方式表现其各自的个性特点。卡通动物纹样造型诙谐，它们的动态结构简单明确、造型丰富、或静或动、表现性格多样，把动物可爱天真的一面表现得淋漓尽致（图 1-3-25、图 1-3-26）。

微课：卡通风格
纹样设计

■ 植物纹样

卡通纹样的植物纹样元素包含树木、叶子、花卉、果实等。在设计其形象时，造型饱满充实、轮廓圆滑、色彩鲜艳、对比度高。以大片大片的叶子元素的纹样设计为例，同样的叶子采用不同的排序方式，显得格外亲切；将花朵的图形直接简化成圆形或半圆形，花朵纹样呆萌可爱，将果实元素卡通化，平均分布的纹样设计布局，增加了人们的食欲与喜爱度（图 1-3-27、图 1-3-28）。

图 1-3-25 Ochirly 女装　　图 1-3-26 Jib-e 床品　　图 1-3-27 Pottery Barn　　图 1-3-28 Desigual 女裙
　　　　　　　　　　　　　　　　　　　　　　　　　儿童床品

■ 人物纹样

人物纹样设计是指描绘人物造型及动态的纹样，是由人的性别、年龄、种族、个体或群体、动态等不同要素构成的纹样。卡通人物的纹样设计是将人物纹样诙谐化，运用简笔画的画法设计的卡通人物纹样，把人物的特征用笨拙的方式表现出来（图 1-3-29、图 1-3-30）。

■ 卡通风景纹样

卡通风景纹样是包括自然景象和建筑景象构成的纹样。自然景象包括天空、地面、山川、树林、河流等图形。建筑景象包括楼房、村社、街道等。例如以建筑为主要元素的风景纹样，将小房子的造型简化，卡通感极强（图 1-3-31、图 1-3-32）。

图 1-3-29　Habitat
家居

图 1-3-30　DAZZLE
女装

图 1-3-31　West Elm Kids
儿童床品

图 1-3-32　Naturals
儿童床品

■ 几何纹样

卡通风格的几何纹样分别有直线、曲线形成的纹样。随意多变的几何元素体现纹样的美丽端庄，被广泛应用于各类儿童纺织品设计和现代服饰中。不规则的圆形相互组合，点状组合，几何卡通纹样更显轻松，既有点俏皮，又有点可爱（图 1-3-33、图 1-3-34）。

■ 文字纹样

卡通文字纹样的设计可以变化各异，根据不同的字体、字号、字形表达出不同的象征意义，通过这种多变的形象来直观地传递纹样的主题和设计师的思想。

例如，运用英文字母与简单的图形相互搭配的卡通文字元素设计，将文字作为一个单元重新进行排列组合，既端庄，又诙谐（图 1-3-35、图 1-3-36）。

图 1-3-33　West Elm
Kids 儿童床品

图 1-3-34　H'S 女装

图 1-3-35　Heritage Club
儿童床品

图 1-3-36　Gucci 女装

练

（1）从你喜爱的电视剧或电影中寻找这三种风格的纹样并进行分析。

（2）从你分析的纹样中，临摹 1 张（AI 制图），尺寸为 20 px×500 px/300 dpi。

第二章
纺织品纹样的设计方法

第一节　纹样的元素

述

纹样设计的素材是一个非常宽泛的概念，其来源可以包括自然界中所有的事物及其形态，通俗的说法就是纹样的创作题材。在本节中分为两个部分进行讲解，分别是经典元素的纹样设计和特定元素的纹样设计。经典元素纹样设计中是较为常见的一些题材，几乎在每个时代都很受欢迎，经久不衰，其中包括动物元素、植物元素、风景元素和几何元素；特定元素的纹样设计中包含了人物元素、文字元素和器具元素，这三种元素相对比较小众，纹样的设计会应用在特定的空间环境中。通过纹样元素的学习，旨在强化学生元素设计和软件绘图的能力。

导

知识目标	了解经典元素纹样和特定元素纹样设计中包含的动物元素、植物元素、风景元素、几何元素、人物元素、文字元素和器具元素七种纹样的元素设计特点及方法
能力目标	具有快速分辨元素题材的能力，能够根据不同类别的元素进行软件图案绘制，掌握单一元素、组合元素的基本排列方法
素质目标	培养学生自主学习、反复锤炼、专心热爱的设计素质和创新能力，以及良好的设计理论与实践能力

学

微课：动物元素　　　　PPT：动物元素

一、经典元素纹样设计

1. 动物元素

看到动物，我们经常会想到"萌萌哒"这三个字，在设计界，动物元素一直是设计师的灵感缪斯。以动物元素为灵感的纺织品纹样设计，从狂野的动物纹印花，到立体感十足的大型猛兽，再到耍酷卖乖的各类萌物，生动有趣又个性十足。动物元素是纹样设计的主要表现形式可分为走兽类、鸟禽类、水族类、昆虫类。

■ 走兽类元素

在环保主义的大背景下，走兽纹样元素成为追求时尚且标新立异的设计师的首要题材选择。走兽类元素是指描绘四足哺乳动物的纹样，常见的有猫、狗、虎、马等动物。较为常见的是从动物本身的动态与性格入手，如威猛彪悍的虎豹、沉静温顺的马，抓住动物瞬间的动态表现。在纹样设计时，有时会结合外形剪影来概括纹样元素（图 2-1-1）；还有很多设计师则喜欢从造型上强调头部五官刻画，动物形体夸张变形，呈现出走兽元素的造型特征（图 2-1-2）。

图 2-1-1　Emma J Shipley 家居

走兽类的纹样元素是儿童服用面料中最常见的元素内容，设计师更多要表现的是动物的可爱、顽皮、善良的一面，用纹样设计表达出儿童的天性。采用儿童画技法进行的纹样设计，让纹样显得活泼而具有童趣（图 2-1-3）。如果设计师们将动物元素应用在家居产品的设计上，用色块的方式进行纹样的个性表达，色彩明快，这种纹样设计应用在儿童房中也是相得益彰（图 2-1-4）。

图 2-1-2　T.C.H 帽衫

■ 鸟禽类元素

鸟禽类元素是指描绘鸟类与家禽类的纹样，鸟禽因羽毛的天然纹样成为最具装饰美感的对象之一。鸟类的动态结构简单明确、造型丰富、或静或动、性格多样，结合疏密方向、色彩造型等要素的变化，呈现出动感而醒目的纹样元素特征（图 2-1-5、图 2-1-6）。鸟禽元素无论是在服用面料还是家用面料设计中，它们都是通过夸张醒目的鸟禽造型，或者是多数量的规律排列来营造纹样设计的个性特征。仙鹤是中国纹样中的重要元素，它是长寿的象征，仙鹤形态美丽而优雅，与具有中式意味的传统纹样相配合，体现传统与现代相结合的纹样设计美感（图 2-1-7、图 2-1-8）。

图 2-1-3　蕉内儿童毛衣

■ 水族类元素

水族类元素是指描绘在水中生活动物的纹样，由鱼、虾、蟹等构成纹样内容，其中鱼是最常见的表现主题（图 2-1-9）。水族动物元素以强调动物的外形、数量、面积、方向等元素的适度性为要点，结合动物

图 2-1-4　Linen House 儿童家纺

原型造型特征，运用色彩、肌理等手段，或简或繁地表现纹样元素（图2-1-10）。如果排列数量较多的水族元素，需要注意鱼的方向表现，过多的变化方向会使纹样显得杂乱无章。

　　水族类纹样多与条纹纹样进行混合排列，在设计中的运用多以散点排列为主，采用混地或清地布局，表现的技法有水彩、色块、写实等（图2-1-11、图2-1-12）。

图2-1-5　年衣童装

图2-1-6　Ian Snow 家居

图2-1-7　衫仟尺服饰

图2-1-8　Georges Hobeika
高级定制

图2-1-9　Fleur Harris
卡通纹样

图2-1-10　Poppiseed
儿童家纺

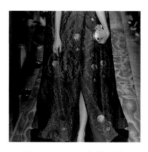

图2-1-11　华伦天奴
女装高级定制

图2-1-12　碧海潮生
唐装

■ 昆虫类元素

　　昆虫类是动物界中最大的一个纲，在众多的昆虫里，如蜻蜓、蝴蝶、蜜蜂、蚱蜢等具有美感和趣味性形态的昆虫就成为设计师特别钟爱的图案设计元素（图2-1-13、图2-1-14）。蜻蜓和蝴蝶的翅膀都是昆虫纹样元素想要强调表现的对象，在设计时结合数量、面积、方向、色彩等呈现出趣味且优美的图案艺术特征。

　　昆虫纹样元素在设计时要注意的是整体和细节的协调关系，细腻的纹路需要和规整的外形相统一，昆虫外形的变化丰富，需要简洁的底色进行衬托（图2-1-15、图2-1-16）。

图2-1-13　John Derian
家居

图2-1-14　H&M 男装

图2-1-15　Bluezoo
儿童家纺

图2-1-16　Clarke &
Clarke 家居

✓ 小练习

　　· 请从自然界中寻找一种动物并加以提炼，将其设计成动物元素。

2. 植物元素

在自然界中，凡是有生命的机体均属于生物。生物分为几个界，能固着生活和自养的生物称为植物界，简称植物。那么，在自然界中常见的植物有哪些呢？有一串串美丽的洋槐花，各种颜色的紫色地丁，还有浪漫的玫瑰，这些都是我们常见的植物元素（图 2-1-17、图 2-1-18）。这些植物元素在纹样设计中应该怎样去运用呢？

植物元素来源于自然又不同于自然，由植物形象变为植物元素的过程即纹样的变化过程。自然原生形象虽美，但它们还不能满足人们对美的要求，人们的生活空间需要用更加超自然的艺术形象进行元素化。在大自然中，有无数种植物可被用作纹样元素的灵感来源，如树木、花卉、叶子及果实等，以及由这些元素组成的综合纹样元素，然后在组成的纹样的基础上再创新。

图 2-1-17　Sanderson ×
Disney Home

■ 树木元素

现代纺织面料设计中，以墙布为例子，树木纹样的特点为造型优美，外形规整，单元型或大或小、或对称、或错位等多层重叠的排列形式。强烈的方向感，尤其是大面积的树木，在设计的时候往往追求方向的统一，以多变的枝干和细节的变化来营造纹样的丰富性（图 2-1-19）。繁密的树叶能使纹样呈现出热烈华美的气息（图 2-1-20），落去的树叶

图 2-1-18　Marisfrolg 女装

能让人感受到宁静悠远的意境和简洁造型的美感（图 2-1-21），运用树枝的整体形象来作为元素进行设计，树木类元素在家居产品中应用较为普遍，带有浓浓的自然气息（图 2-1-22）。

  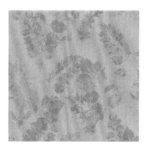 

图 2-1-19　Pottery Barn 墙布　　图 2-1-20　Albany 时尚墙布　　图 2-1-21　D'décor 墙布纹样　　图 2-1-22　BPC Living 床品套件

■ 花卉元素

一朵花花冠绚烂夺目，从花萼上往四方绽放。从艺术的角度来说，花萼是一株植物最重要、最完美的部分，花朵有着美好的寓意和形态，它一直是设计师乐于表现的主题。因此，花卉元素应用非常广泛，无论是在家用面料还是服用面料的纹样设计中都非常常见（图 2-1-23、图 2-1-24）。

花卉纹样元素大多选用花头为主要创作对象，花卉的种类、大小、角度、方向等诸多元素的变

微课：植物元素（1）　　微课：植物元素（2）　　PPT：植物元素

化会使纹样表现出千变万化的效果。纹样的流行语言在变化，但花卉始终是纹样最重要的主题，是永不枯竭的流行主题。如图2-1-25、图2-1-26所示，以服装面料的纹样设计为例，花卉纹样的设计在构图上运用规律性排列或对比的手法，强调花朵轮廓的单纯性与饱满感，充分夸大花朵的面积表现，有些甚至占据整个面积，使之充满活力和视觉冲击力，受到追求个性的年轻人的喜爱。

图 2-1-23　Pottery Barn　　图 2-1-24　Batsheva　　图 2-1-25　Fila 夹克　　图 2-1-26　Profound 衬衫
　　　　花卉墙布　　　　　　　家居服

图2-1-27所示的女士衬衫中的纹样采用花卉作为主题，用写实的手法进行描绘，应用于衬衫的图案设计上，显得活泼且充满活力。花卉元素也常常应用于家居的装饰设计中，采用素描的表现手法，设计手法轻松自然而又现代，非常具有现代时尚感（图2-1-28）。

■ 叶子元素

叶为草木之叶，叶子元素的纹样主要是指以植物叶子为创作对象的纹样元素，包括木本、草本、合本、藤本等植物的叶子。叶子是植物图形设计中重要的组成部分，以叶子为元素的纹样设计在造型上都具有平面的装饰感。

图2-1-29、图2-1-30所示为女士裙装的面料纹样设计，纤细的兰草叶、丰腴的龟背竹，它们的叶子造型饱满且各具特色，都是植物元素设计中极好的元素素材。再如图2-1-31所示，纹样以绿色系的大片叶子为素材，塑造出郁郁葱葱的感觉，运用于沙发的设计上，真实中又有一点装饰的意味，非常的现代。同时，叶子元素运用在窗帘及床上用品的设计中也体现出自然之美（图2-1-32）。如图2-1-33、图2-1-34所示，颜色选用素净的咖啡色系，有沉静素雅的感觉，生命树较大，不易表现，有时候选用一片树叶代表生命树，例如唐卷草、忍冬纹、莨苕叶纹、棕榈叶纹等。

图 2-1-27　Zara 女装　　图 2-1-28　Grandeco　　图 2-1-29　Zara 女装　　图 2-1-30　Zara 女裙
　　　　　　　　　　　　　　花卉墙布

图 2-1-31　Clarke & Clarke 布艺沙发　　　　　　图 2-1-32　WEBSCHATZ 窗帘

■ 果实元素

果实元素是指描绘植物果实的纹样，是由一种或多种果实元素构成纹样，规整的外形使果实有了特殊的装饰美感。果实的切口面具有多变而有趣的纹样纹理，丰富多样的果实元素设计而成的纹样，表现出其独特的生动性与趣味性。如图 2-1-35 和图 2-1-36 所示，这两幅纹样中采用梨子和柠檬为设计元素，在元素的绘制上对果实元素细部的纹理刻画，可突出果实的秩序美感。

图 2-1-33　D'décor
面料纹样

图 2-1-34　LeeJofa ×
Oscardela Renta 家居

图 2-1-35　H&M
童装

图 2-1-36　墙布花卉系列
Bespoke Letterpress

果实元素是儿童服饰中常见的元素题材。果实元素传达出有趣活泼的视觉样式，积极乐观的情绪表达有助于消除消极和沉闷，帮助婴幼童在愉悦的色彩视觉传达中有良好的情绪体验，感受大自然的美好（图 2-1-37）。

图 2-1-37　POP 趋势·家居 – 果实元素儿童产品搭配效果图

■ 综合元素

如图 2-1-38 所示，床上用品的纹样设计采用了叶子、花卉及动物为元素进行纹样的综合设计，传达出热带雨林的感觉。小花结合蝴蝶，诠释出大自然的春天美感，叶子采用绿色调再现自然之感，采用大朵及热烈的颜色诠释雍容华贵。

如图 2-1-39 所示，品牌设计师在进行设计时，采用综合元素，使用满地布局的构图方法，将图案设计出浓烈的大自然美感。图 2-1-40 纹样的设计采用单色配色、浓烈的色彩、满底布局，同时对花卉进行速写式的绘制，清新而优雅，又体现雅致的风格，诠释出浓烈的氛围。

图 2-1-38　Fazzini 家居　　　　　　　图 2-1-39　Zara 女装　　图 2-1-40　Zara 女装

✓ **小练习**

· 从大自然中寻找一种植物并加以提炼，设计成植物元素。
· 尝试将之前绘制的动物元素和本次绘制的植物元素组合成一幅完整的纹样。

3. 风景元素

PPT：风景元素

风景是指供观赏的自然风光、景物，包括自然景观和人文景观。风景元素是指自然景象和建筑景象构成的纹样。自然景象包括天空、地面、山川、树林、河流等图形；建筑景象则包括楼房、村社、街道等。风景元素的纹样设计表现手法丰富，按表现手法大致可分为素描、速写、版画、水彩画、西洋画、中国画、涂鸦、矢量图形、摄影 9 种。

■ 素描

微课：风景元素

素描起源于古希腊时期，当时的艺术家使用纸张和墨水进行速写练习，用素描的形式捕捉自然界的形状和光影，这种手法在文艺复兴时期达到顶峰。当时的艺术家开始使用素描结合透视和光影来表现平面与深度。随着时间的推移，素描逐渐发展成为一种很重要的技能，被广泛应用于绘画、设计和建筑领域。以素描为表现形式的风景元素纹样是使用单一颜色绘画工具在画面载体上，使用黑色和灰调进行描绘，强调线条的重要性，注重风景形态的深度感和透视关系，准确表现风景画中的比例和形状等。其特点为变化统一、造型精准、刻画细腻、虚实有序。

风景图案设计内容是以自然风光为风景素材，采用素描形式进行绘制，刻画细腻，利用虚实加强空间景深，纹样主题分明、意境优美、场景感强。如图 2-1-41 所示为服装面料的局部，这样的图案设计运用在女装裙摆上，显得非常优雅和精致；近年来，此种纹样也广泛运用在墙纸设计中，这样的装饰手法会让空间显得空间感十足（图 2-1-42）。

■ 速写

速写是中国原创词汇，表达的是一种快速的写生方法，属于素描的一种。速写同素描一样，它不仅仅是造型艺术的基础，也是一种独立的艺术形式。起初，速写只是画家创作的准备阶段和记录手段，18 世纪以后，欧洲把这种形式确立为一种独立的绘画表现形式。速写以线作为主要的表现形式，对线条的要求较高。风景速写作为一种快速记录与描绘的表现形式，要求其线条优美、流利生动，随意洒脱。相较于素描的设计手法，速写表现得更加轻松，故常用于表现自然景观及建筑等小景创作（图 2-1-43、图 2-1-44）。

图 2-1-41　PDLS 女装高定　　图 2-1-42　Woodchip &　　图 2-1-43　Grandeco 墙布　　图 2-1-44　Fila 版画风
　　　　　　　　　　　　　　　　　　Magnolia 墙布　　　　　　　　　　　　　　　　　　　　　针织外套

■ 版画

　　版画是视觉艺术的一个重要门类，当代版画的概念主要是指由艺术家构思创作并通过制版和印刷程序而产生的艺术作品，具体来说，是以刀或化学药品等在木、石、麻、胶、铜、锌等版面上雕刻或蚀刻后印刷出来的图案。版画艺术在技术上是一直伴随着印刷术的发明与发展的。如图 2-1-45所示，版画的表现手法应用在墙纸上，其独特的刀味与木味使它在艺术的表现上更具独立的艺术价值与地位。再如图 2-1-46 所示，服装设计师们同样将这种版画风格的图案设计沿用至服装设计中，其设计手法大胆且个性十足。

■ 水彩画

　　水彩画是用透明颜料和水作为媒介的一种绘画方法，简称水彩。这种绘画方式由于色彩透明，一层颜色覆盖另一层可以产生特殊的效果。有一点值得注意的是，调和颜色时应避免过多或覆盖，过多会使色彩肮脏，水干燥得快。如图 2-1-47 和图 2-1-48 中，不论是将水彩表现手法应用在服饰面料还是在家居墙纸上，都能营造出一种透明酣畅、淋漓清新、色彩鲜亮、不乏幻想与造化的视觉效果。

图 2-1-45　Maison　　　　图 2-1-46　MO&CO　　　图 2-1-47　Zara 男装　　　图 2-1-48　Graham &
　　　　　Thevenon 墙布　　　　　　　连衣裙　　　　　　　　　　　　　　　　　　　　　Brown 墙布

■ 西洋画

　　西洋画是 19 世纪欧洲出现的具有明确艺术主张的流派，主要体现在艺术主题和内容上，是油画技法表现的一种。西洋画在新古典主义风格中，遵循古典传统的造型法则，也更加注重画面中物象造型的严谨与坚实感。以浪漫主义围绕绘画主题，以色彩、笔触、构图等运动式线条创造画中情节的紧张感（图 2-1-49）。西洋画中的风景元素主要以风景、动物、建筑及异域风情场景等为主题，其颜料色彩丰富鲜艳，充分表现内容的质感，使描绘对象显得逼真可信，具有很强的艺术表现力（图 2-1-50）。西洋画风景元素纹样运用在墙纸上时，应选择较大的室内空间，用以体现空间的宽阔感（图 2-1-51）。

图 2-1-49　Fila 卫衣　　图 2-1-50　Inkiostro　　　　图 2-1-51　AFFRESCO 墙布
　　　　　　　　　　　　　　Biancoa 面料

■ 中国画

　　中国画简称"国画"，是我国的传统绘画形式，它是用毛笔蘸水、墨、彩作画于绢或纸上。国画工具和材料有毛笔、墨、国画颜料、宣纸、绢等，其题材可分为人物、山水、花鸟。国画在古代无确定名称，一般称为丹青，在世界美术领域中自成体系。从美术史的角度讲，民国前的画作统称为古画。中国画在内容和艺术创作上体现了古人对自然、社会及与之相关联的政治、哲学、宗教、道德、文艺及自然等方面的认识。在现代，中国画的表现形式被频繁地应用在纹样设计上，这是建立在继承传统与吸收外来技法基础上的突破和发展，以风景为作画元素的图案设计表现力强，细腻且优雅（图 2-1-52、图 2-1-53）。

■ 涂鸦

　　涂鸦手法的表现形式是一种视觉设计的艺术，其名是英语中的"Doodle"。涂鸦一词起源于唐朝，卢仝以此评说其儿子乱写乱画之顽皮行为，后来人们便从卢仝的诗句里得出"涂鸦"一词，并且流传至今。在现代我们所说的"涂鸦"并非上述的"乱涂乱画"，现在大家流传的涂鸦一词，起源 20 世纪 60 年代美国宾夕法尼亚州费城的 Graffiti。很多不了解涂鸦的人们会认为涂鸦就是乱涂乱画，其实 Graffiti 是一种视觉字体设计艺术，早期的涂鸦是指制作者将自己的绰号及自家门牌号之类涂绘于墙面等介质上，后慢慢地扩大应用到汽车、火车和车站站台等不同表面上，墙面不再是唯一的介质。涂鸦内容包括很多，以变形英文字体为主，其次有 3D 写实、人物写实、各种场景写实、卡通人物等，配上艳丽的颜色让人产生强烈的视觉效果和宣传效果。以涂鸦为表现手法的风景元素各种颜色交融，以抽象的感觉描绘出一种色彩的特殊风格，个性张扬（图 2-1-54、图 2-1-55）。

图 2-1-52　浮云堂女装　　图 2-1-53　Lone 旗袍面料　　图 2-1-54　Ornamy 墙布　　图 2-1-55　Coa 女装高定

■ 矢量图形

　　矢量图形也称为面向对象的图形或绘图图形。风景元素的矢量图形的每个对象都是一个自成一体的实体组合，它具有颜色、形状、轮廓、大小和纹样位置等个体属性。风景矢量图形设计造型简洁、可爱、俏皮，多适用于儿童纺织面料上（图 2-1-56、图 2-1-57）。

■ 摄影

摄影手法的风景元素是指使用某种专门设备对风景进行影像记录的过程。以摄影为手法的风景元素是把日常生活中稍纵即逝的平凡事物转化为不朽的视觉图像。以摄影为表现手法的元素设计特点为原景再现，令人仿佛身在其中（图2-1-58、图2-1-59）。

图 2-1-56 Zara 童装　　图 2-1-57 Prestigious　　图 2-1-58 Zara 男装　　图 2-1-59 Komar
　　　　　　　　　　　　　　Textiles 布艺纹样　　　　　　　　　　　　　　　　　面料局部

✓ **小练习**

· 请从自然界中寻找一种风景并加以提炼，设计成风景元素。

4. 几何元素

几何纹样分成规则纹样和不规则纹样，又各自分为直线、曲线形成的纹样。其构成元素以简洁规整为特征，表现出简洁严谨，具有比例、节奏、秩序的美感，具有强烈的视觉特征。随意多变的几何元素体现的纹样美丽，被广泛应用于各类产品的纹样设计。规则图形可分为直线图形和曲线图形，直线图形里面包含了格子、三角形、条纹、锯齿、菱形和多边形。从曲线图形中我们将会学习到圆形、点纹、波浪形和曲线条纹；从不规则的图形中，我们将会学习直线和曲线为元素的综合几何元素的纹样设计。

微课：几何元素
（1）

微课：几何元素
（2）

PPT：几何元素

■ 格子

格子纹样是指方形、框纹，以变动线条的宽窄、色彩、疏密、角度等形成纹样，是人类最古老的色织物之一。格子纹样可由组织结构的变化形成细密的单线小格子，也可由线面交织形成变化多样的格子纹，具有现代和传统的双重个性。规则的格子和不规则的格子的纹样，它们具有不同的特征。如图2-1-60所示，规则的格子给人严谨有条理的印象。如图2-1-61所示，不规则的格子看起来更灵活，具有律动感。

家用面料中的格子纹样与服饰设计中的格子纹样最大的区别在于家用面料通常选用较大的格子纹样，而服饰设计中采用小格子纹样。格子纹样应用到家居布艺中会显得干净利落；规则的格子会显得清爽干净，常与条纹、纯色布进行搭配（图2-1-62、图2-1-63）。如图2-1-64所示，格子纹样应用于抱枕和餐桌用品中，给人洁净清爽的感觉。如图2-1-65所示，不规则格子运用于窗帘产品时，室内空间搭配活跃，具有律动感。

图 2-1-60　Jouetie 外套　　图 2-1-61　H&M 男装　　图 2-1-62　Target 床品套件　　图 2-1-63　Bonnie and Neil 桌布

图 2-1-64　Max Humphrey × Pindler × Sunbrella 家居

图 2-1-65　TOLINO 时尚窗帘

■ 三角形

　　三角形是由同一平面内、不在同一直线上的三条线段首尾顺次连接所组成的封闭图形。规则三角形的纹样设计给人凌厉、稳固之感。三角形因其棱角分明，所以在表现技法上多以水彩、涂鸦等手法进行绘制，或在排列上采用灵活排列，增加纹样灵动感。纹样设计中的三角形纹样元素应用非常广泛，常采用印花工艺，其色彩明亮，块面感十足，活跃又不失和谐（图 2-1-66、图 2-1-67）。从案例中我们不难发现，以三角形为纹样的设计元素广泛应用于日常生活中（图 2-1-68、图 2-1-69）。

图 2-1-66　Pierre Frey 面料设计　　图 2-1-67　Risl 女装面料　　图 2-1-68　Palitra 墙布　　图 2-1-69　SANDRO 女装

■ 条纹

条纹纹样是指线条组合纹样。由直线宽窄、曲折、色彩、疏密、方向的变化构成不同的纹样。条纹纹样的单元形通过艺术性的解构、重组、变异、发射等重新组合成新的纹样设计，条纹的重复或变异性的重复保证线条整齐排列的美观效果，线条的有序排列保证了条纹设计的统一性。

条纹纹样具有丰富而强烈的视觉方向感，其中单色较宽的条纹简洁明快，细密多色的条纹活泼热烈，深底、亮色细条纹优雅含蓄，搭配丰富的材料和工艺，纹样变化多样，适合不同的设计风格，被广泛地应用在各种服装、服饰及家居产品设计中（图 2-1-70、图 2-1-71）。竖向的条纹具有纵深感（图 2-1-72），横向的条纹具有延伸感（图 2-1-73），非常具有时尚感。

图 2-1-70　H&M 女装　　图 2-1-71　Camengo 面料　　图 2-1-72　Gaston Y 　　图 2-1-73　Zara 女装
　　　　　　　　　　　　　　　　　　　　　　　　　　　　Daniela 墙布

■ 锯齿

锯齿纹样是指形似锯齿牙口的折线纹样，由锯齿宽窄、色彩、疏密、方向的变化构成不同的纹样。锯齿元素在纹样的设计表现手法上可分为规则锯齿和不规则锯齿。如图 2-1-74 所示，在纹样设计中，细密的锯齿纹具有动感与结构美感，锯齿纹样用在女裙中带有民族特性，采用金色搭配银色，尽显高定裙装的奢华。如图 2-1-75 所示的墙纸纹样，其设计手法上采用的是同类色系，这种设计手法会使居室看起来更加轻快活泼。

■ 菱形

在同一平面内，有一组邻边长度相等的平行四边形是菱形，或者四边都相等的四边形是菱形。菱形的对角线互相垂直平分且平分每一组对角。菱形是轴对称图形，对称轴有 2 条，即两条对角线所在的直线（图 2-1-76）。自 20 世纪 30 年代起，菱形广泛运用到高尔夫球袜、学生短袜及男士毛衣背心的前片上，以菱形为设计元素的纹样成为传统衣袜的装饰纹样，后来发展成为大小菱形重叠的纹样，配色也更加丰富，并且在现代服饰设计中广泛应用（图 2-1-77）。

图 2-1-74　Valentino 高定　　图 2-1-75　Gaston Y 　　图 2-1-76　La Double J 　　图 2-1-77　Zara 女装
　　　　　　　　　　　　　　　Daniela 墙布　　　　　　女裙

■ 多边形

由三条或三条以上的线段首尾顺次连接所组成的平面图形叫作多边形。按照不同的标准，多边形可分为正多边形和非正多边形、凸边形和凹多边形等，常见的多边形纹样有五边形、六边形、八边形等。多边形纹样在现代设计中的应用非常广泛。规则的多边形图形重复有序地排列运用到面料设计中，显得规整、干净、利落（图 2-1-78），不规则的多边形图形排列运用到服用面料的设计中，则尽显轻松、随性、自由（图 2-1-79）。

图 2-1-78　H&M 童装

■ 圆形

"天圆地方"是中国古人对宇宙最初的认识，这种思想影响了古人对世界万物的认识。象征圆满的圆形深受设计师喜爱。圆形是最基本、最简单的几何形状之一，这种形状具有许多独特的特点，包括对称性、连续性、均衡性等。最常见的圆形纹样包括正圆形、椭圆、半圆等。圆形纹样也是纹样设计中常常采用的元素。在现代很多产品设计中经常会采用重叠、规则、不规则的排序方法进行设计。如图 2-1-80 所示，女裙纹样中采用的是单一椭圆形元素进行有序重复排列，有稳定之感。图 2-1-81 中，采用圆形元素重叠的表现手法，凸显了纹样的层次感和饱满和谐之感。在纺织品纹样设计中，圆形纹样应用非常广泛，如服饰、床品、地毯、窗帘、墙纸等；规则圆形纹样丰满可爱（图 2-1-82），不规则的圆形纹样自由而随性（图 2-1-83）。

图 2-1-79　Zara 男装

图 2-1-80　Zara 女装　　图 2-1-81　Ornamy 墙布　　图 2-1-82　GEMACO　　图 2-1-83　播女裙
　　　　　　　　　　　　　　　　　　　　　　　　DESIGN 墙布　　　　（Broadcast）

■ 点纹

点纹纹样是指由点组合的纹样，通过变化点的形状、大小、色彩、疏密构成不同的纹样，纹样造型以规则、不规则的点通过大小变化和规律的排列，获得动感或秩序化美感的纹样。点纹纹样多适用于印花工艺，小而规则化排列的单色原点纹样，具有秩序严谨的特征（图 2-1-84、图 2-1-85）。不规则的点纹纹样具有动感活泼的特征，如图 2-1-86 所示，女裙的面料设计采用了大小不同的点状进行设计，充满了趣味。如图 2-1-87 所示，黑白波点延续了经典的配色，图案排列上保持大小相同的间距，平衡中又带有趣味，以经典的黑白波点打造当代法式居家美学，叠加的大尺寸圆形与底纹的细小圆点形成强烈的视觉对比，增加了产品的时尚度。

■ 波浪纹

波浪纹又称为"水纹""水波纹""波状纹"，是模拟流动水波的一种纹饰，由上下波动连续的曲线组成。波浪纹的设计通过俏皮的色彩组合或大块面的纯色，传递奇幻活泼的氛围（图 2-1-88、图 2-1-89）。如图 2-1-90、图 2-1-91 所示，平滑流畅的线条褪去极繁的复杂设计，让简约的线条纹理如波浪一般柔和自然，形似流水般顺滑的曲线，自上而下流淌在产品上，十分具有韵律感与动态感。加入丰富的颜色，或是改变条纹宽窄和排布的变化形成动态视觉效果的图案，让曲线仿佛要溢出画面，变得流动起来，给人一种迷幻的视觉感受。

  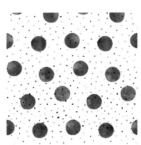 

图 2-1-84　H&M 女装　　图 2-1-85　Brook gossen　　图 2-1-86　miiu 女裙面料　　图 2-1-87　Sheridan
　　　　　　　　　　　　　　　　　　墙布　　　　　　　　　　　　　　　　　　　　　　　　　　　　床品套件

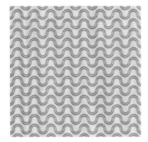 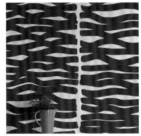  

图 2-1-88　Brook 面料　　图 2-1-89　Flat Vernacua　　图 2-1-90　Crate & Kids　　图 2-1-91　CHANCE 面料
　　　　　　　　　　　　　　　　　　墙布　　　　　　　　　　　　儿童家纺

■ 曲线条纹

　　在曲线图形中包含规则曲线条纹和不规则曲线条纹两种风格，曲线条纹纹样柔和，造型纹样风格有韵律，规则曲线条纹优雅且有张力；不规则的曲线条纹设计自由丰富，变化多样（图 2-1-92、图 2-1-93）。曲线条纹纹样在纺织面料设计中的应用非常广泛，这种纹样可以驾驭不同的风格，被广泛地应用在各种服饰、家居当中。同时设计师们将经典格条纹、曲线作为画面基础，结合其他几何图形，通过有序排列、交错编织、斑驳复合等作图手法进行创作，构成不同的视觉形态，充满时尚感和趣味性，焕发出经典图案的独特个性魅力，使经典格条纹重新焕发生机，搭配色彩和纺织工艺打造活力的氛围感受（图 2-1-94、图 2-1-95）。

  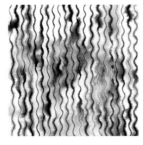 

图 2-1-92　Zara 女装　　图 2-1-93　DW Bespoke　　图 2-1-94　Hieces Home　　图 2-1-95　Dusen Dusen
　　　　　　　　　　　　　　　　　　Studio 墙布　　　　　　　　地毯　　　　　　　　　　　　　　盖毯

■ 综合图形

几何元素的最后一个大类是综合图形的纹样设计方法。综合图形是指由各种抽象的点、线、面组合而成的纹样，综合抽象纹样剔除物象的概念，以直线、曲线、涡形线等组合的面。综合图形在纺织面料设计应用时，纹样结合块面、平涂、晕染等多种手法，以运动的、不可预测的几何图形和充满活力的闪光色彩打造实用型纺织面料，同时利用大色块和极简的几何线条打造具有层次及明亮色彩的纹样，配上不同的材料与工艺呈现出丰富的造型样式，并将形体和空间的形式纯粹化（图 2-1-96）。使用具有律动感的高饱和几何色块为服用面料注入新鲜活力，为我们展示组合图形设计的无限魅力（图 2-1-97）。

图 2-1-96　S.Harris 桌布

✓ 小练习

· 请从生活中寻找一种物品并加以提炼，设计成几何元素。
· 尝试将风景和几何元素组合成一幅完整的纹样。

二、特定元素纹样设计

图 2-1-97　Zara 女装

1. 人物元素

人物元素的纹样设计是指描绘人物造型及动态的纹样，是由人的性别、年龄、种族、动态、个体或群体等不同要素构成的纹样。在人物元素部分中，将从人物元素的三个类别分别介绍纹样设计的特点，分别是年龄阶段、地域区域及不同表现手法的人物元素纹样设计。以人物元素的年龄阶段为载体的纹样设计是从刚出生时白胖胖、粉嫩嫩的小婴儿，到天真烂漫、聪明伶俐的儿童，再到印象中那个不羁的少年，然后到意气风发、生机勃勃的成年人，最后到风度翩翩、温文尔雅的中年人等。

微课：人物元素

PPT：人物元素

■ 年龄阶段

（1）婴儿。人物元素的婴儿纹样表现中，以神话人物丘比特为元素的人物元素与古典元素结合，适合古典风格家纺产品的装饰（图 2-1-98）。

（2）儿童。以手绘为表现手法的儿童卡通人物素材适合儿童产品的设计应用，这样的表现手法会显得更加俏皮可爱（图 2-1-99）。

（3）少年。大多以矢量图形的方式诠释少年人物，尽显动感（图 2-1-100）。

（4）成年。纹样的设计内容以成年人的生活方式为纹样设计题材，大多数为尽显青年的意气风发和生活的多姿多彩（图 2-1-101）。

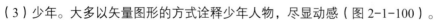

图 2-1-98　婴儿墙纸纹样　图 2-1-99　Baa 童装面料　图 2-1-100　Diey 面料设计　图 2-1-101　Zara 女装

（5）中年。这个年龄阶段的人物素材多采用手绘及波谱艺术图形化处理的形式或简洁的块面形式进行表现（图2-1-102、图2-1-103）。

■ 地域区域

人物元素的第二个类别是以地域区域为载体的人物元素设计，按主要地域区域可分为东方、西方、中东和东南亚等。

（1）东方。如图2-1-104所示，选用穿着民族服饰的人物作为素材，与具有民族特征的几何图形进行搭配，诠释东方民族特色，这类东方神话故事中的人物作为纹样素材，常与主题性的东方风格的设计进行搭配，中式唐装和日式和服的服饰纹样是东方地域风格中极具代表性的风格（图2-1-105）。

图2-1-102　T.C.H女装　　　图2-1-103　Zara女装　　　图2-1-104　Zambaiti　　　图2-1-105　RECLUSE
　　　　　　　　　　　　　　　　　　　　　　　　　　　　　　　Parati纹样　　　　　　　　女装

（2）西方。西方人物元素的应用也多选取经典形象的人物作为素材，是现代POP艺术的发展在纹样中的设计体现，集中表现在将人物的肖像应用于家居产品及潮牌服饰的纹样设计当中（图2-1-106、图2-1-107）。

（3）中东。中东地区的纹样设计具有独特的文化魅力和历史底蕴，它们充满了浪漫和奇迹，其纹样设计重点在于体现其异域风情（图2-1-108）。

（4）东南亚。东南亚地区地处富饶的热带，装饰风格洒脱热情，元素大多取自自然。人物元素中经常会设计出极具东南亚色彩的蔬果等超脱想象的自由配搭，这样的组合更显活泼，常应用于夏威夷风格纹样的表现中（图2-1-109）。

图2-1-106　Luke Edward　　　图2-1-107　H&M男装　　　图2-1-108　中东地区　　　图2-1-109　Zara女装
　　　　　Hall家居抱枕　　　　　　　　　　　　　　　　　人物纹样面料

■ 表现手法

在人物元素的表现手法中，将会介绍以卡通、矢量、动漫、重构、速写、水彩、简笔画和丝网印为表现手法的人物元素纹样设计。

（1）卡通：卡通人物纹样的表现手法有平涂、结合散点排列的形式，常选取动漫人物作为主题纹样（图 2-1-110）。

（2）矢量：矢量人物纹样的表现技法在人物素材纹样的表现中应用广泛，常与植物类元素进行搭配，人物以简笔画的方式处理，体现出时尚感（图 2-1-111）。

（3）动漫：动漫人物纹样元素是人物元素中的重要组成部分，其辨识度高、传播性广，常出现在动漫主题产品设计中。日本动漫一直以其精美的画面和扣人心弦的剧情吸引着全世界的观众，其中不乏一些极具代表性的经典角色，如世界上发行量最高的单一作者创作的系列漫画的《海贼王》（图 2-1-112），通往四次元空间、再多的东西也放得下的《哆啦 A 梦》（图 2-1-113）等，这些角色因其独特的形象、故事和魅力，深受动漫迷们的喜爱和推崇。

图 2-1-110　卡通形象人物元素

图 2-1-111　矢量表现　　　图 2-1-112　《海贼王》宣传海报　　　图 2-1-113　《哆啦 A 梦》

人物元素　　　　　　　　　　　　　　　　　　　　　　　　　　宣传海报

（4）重构：重构人物纹样是以单一的人物元素为原型，将其自由分解或规则切断，提炼出最基本的造型元素，全部使用或部分使用这些造型元素，按照某一种形式法则重新组织新的形象的一种元素设计的方法（图 2-1-114）。

（5）速写：速写人物纹样既可以表现静止的人物动态，也可以表现运动中的人物动态，速写时要了解人物的形体、结构，用简练概括的线条表现出人物关键处的结构穿插关系，体面朝向意识明确，清晰地表达出人物不同部位的体积（图 2-1-115）。

（6）水彩：水彩人物纹样技法表现注重人物素材具有场景感，其绘画风格有点儿工笔的味道，与背景风景的湿画法结合起来，酣畅淋漓（图 2-1-116）。

（7）简笔画：简笔画人物纹样是通过目识、心记、手写等活动，提取客观人物形象中最典型、最突出的主要特点，以平面化、程式化的形式和简洁洗练的笔法，表现出既有概括性又有可识性和示意性的绘画，简笔画与矢量表现的区别在于简笔画更轻松随意（图 2-1-117）。

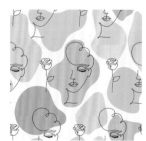

图 2-1-114　重构人物纹样　　　图 2-1-115　Christian　　　图 2-1-116　水彩人物纹样　　　图 2-1-117　简笔画

Fischbacher 纹样　　　　　　　　　　　　　　　　　　　　　　人物纹样

（8）丝网印：丝网印是现代印制工艺之一，其纹样特点具有版画特征，艺术感强。人物元素的纹样大多数用于儿童纺织品和服饰上。在连续纹样上，人物元素体现着纹样的整体性，又不失趣味感，具有较为广泛的应用性，在独幅纹样的使用上体现潮流个性。将人物元素应用在产品设计中会显得产品更加俏皮可爱，不同表现手法的人物元素设计方法的应用会有截然不同的感觉。丝网印运用在服装设计上，整体设计显得大胆时尚，如图 2-1-118 为李大姚团队为北京冬奥会所设计的原创插画，整体画面采用五环构图，五个冬奥会运动员朝着不同的方向，采用丝网印的表现手法，更有视觉冲击力。

图 2-1-118　李大姚团队冬奥会原创插画

✓ **小练习**

· 从生活中寻找一种人物并加以提炼，设计成人物元素。

2. 文字元素

文字元素在纹样设计中有着举足轻重的地位。文字元素的设计可以变化各异，根据不同的字体、字号、字形表达出不同的象征意义。通过这种多变的形象来直观地传达纹样的主题和设计师的思想，在纹样设计中融入文字可以提高纹样元素的灵性和渲染力。总而言之，文字元素是纹样设计中必不可少的元素，在现代纹样设计中，文字元素要传达的不仅仅是信息，还要给人耳目一新的感受，与此同时也要带来视觉化的冲击和享受，使其成为一种富有感染力的纹样设计。

文字的元素应具备信息传达的准确性和表现形式的合理性，搭配时需要注意其协调性、组合的设计基调、字母数字的个性表现等。在纹样设计中，文字在视觉上要注美感。

微课：文字元素

PPT：文字元素

■ **信息传达的准确性**

文字作为一种可读性的信息传达方式，通过视觉清晰地向大众传达信息和设计师的思想意图，首先，文字的纹样设计应做到严谨，精确地表达出纹样设计的核心理念和要传达的有效信息，使文字元素的纹样设计充满生命力和感染力。其次，采用地图为文字元素的纹样设计载体，在文字的诠释上应做到信息传达准确（图 2-1-119）。

图 2-1-119　Fifa 面料设计

■ 表现形式的合理性

文字元素中的信息传达是通过视觉展示表达出来的文字纹样设计，应该注意形式应服务于内容、服务于纹样。在表现形式合理性和设计的艺术性上达到平衡，避免华而不实。在图形与文字、数字、字母、符号等相互作用使用时，应该注意文字结合的艺术性和表达的清晰性（图2-1-120）。

图 2-1-120　Zara 卫衣

图 2-1-121　T.C.H 外套

图 2-1-122　Pali 纹样

■ 文字搭配的协调性

文字元素在设计时，要考虑到整个画面的协调性和艺术性。在纹样设计的搭配上，要注意避免视觉冲突和视觉顺序的混乱，防止文字主次部分破坏纹样的含义和气质。在细节上还要注意文字纹样在合并时，互相不受影响，要特别注意文字在图案设计中的排版（图2-1-121）。

■ 文字组合的基调

每一幅纹样设计都有着独特的风格。在风格中，字体与字体间的组合，字体和纹样的搭配都要遵循一定的基调。文字元素的纹样设计风格要和表达的主题相符合，并且能够完美地呈现出文字元素作品的整体情调和纹样设计亮点（图2-1-122）。

■ 字母数字的个性

字母数字在纹样设计的个性化情感表现是一种比较抽象的造型，体现字母和数字本身的书写方式就很具艺术性。在设计运用时，文字元素设计创造了便捷，可清晰地体现纹样设计的主题和艺术性格。同时，这样抽象化的造型也更容易给大众留下深刻的印象（图2-1-123）。

■ 文字纹样的秩序

文字在纹样中的秩序感中需注意的是纹样的视觉秩序，即文字元素的层次感和错落有致的排版。在文字纹样设计中，应该最大限度地发挥以文字为元素的纹样设计给人带来的视觉冲击及其独特的魅力。这种纹样设计的魅力关系到纹样作品中信息的有效传播，面对大众审美的需要，文字元素这一重要元素也必须紧跟潮流（图2-1-124）。

✓ 小练习

· 寻找一种文字，将文字变形并提炼设计成适合在儿童服装上使用的文字元素。

3. 器具元素

器具元素是指描绘器皿与用具的纹样元素，有各类瓶瓶罐罐、各种乐器及餐厨用具等主题构成纹样，器具以丰富多样的造型特征和文化社会为表现对象。器具元素的纹样的设计特征通常采用重复和规律性的排列手法，结合丰富的造型，营造变化多样又不失秩序的视觉美感，体现浓郁的生活情趣。我们将器具元素分为三个类别进行学习，常见的三个大的类别分别是容器、乐器和餐具。

■ 容器元素

　　设计师通常会选用清新自然的风格素材，以色块的方式进行表达，纹样具有浓浓的生活气息。图 2-1-125 中的纹样选用植物和容器为设计素材，纹样中采用散点式排列，一般这种类型的纹样大多会运用在女士裙装的面料中。如图 2-1-126 所示，欧式花器结合欧式卷草纹是欧式纹样中最为常见的经典题材，其表达的是欧式风格中的优雅、华贵。容器类纹样多采用绣花或提花等工艺进行表现，适用于欧式复古的设计风格。

图 2-1-123　T.C.H 外套　　图 2-1-124　H&M 男装　　图 2-1-125　Fifi 面料　　图 2-1-126　D'décor
　　宫廷纹样

■ 乐器元素

　　乐器元素在纺织品纹样设计中常选用西方乐器，如小提琴、管弦类乐器因造型优美、线条流畅而被设计师所青睐，这类元素常与音符类图形进行搭配，应用于服饰纹样设计中（图 2-1-127、图 2-1-128）。

■ 餐具元素

　　餐具元素在纹样设计中常应用于餐桌、桌布、围裙等餐厨类产品，元素素材有厨房中的锅碗瓢盆，也有各种类型的餐厨容器等。根据不同餐具风格的元素有着不同的表现，常见绘制技法以平涂和矢量图形表现为主，作为厨房的墙砖和墙布的设计最为常见（图 2-1-129、图 2-1-130）。

微课：器具元素

PPT：器具元素

  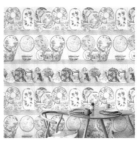 

图 2-1-127　Swaziland 男装　　图 2-1-128　POP 乐器　　图 2-1-129　Gaston Y　　图 2-1-130　DW Bespoke
　　　　　　　　　　　　　　　元素纹样设计　　　　　　　Daniela 餐具纹样　　　　Studio 餐具纹样

✓ 小练习

　　· 请在你的住所里寻找一种器具，对其进行变形并提炼设计成器具元素。

■ **练**

（1）第一组尝试：请尝试设计动物和植物元素，并组合成一幅完整的纹样设计。
（2）第二组尝试：请尝试设计风景和几何元素，并组合成一幅完整的纹样设计。
（3）第三组尝试：请尝试设计人物和器具元素，并组合成一幅完整的纹样设计。
（4）纹样设计尺寸：30 cm×30 cm，AI 制图。

第二节 纹样的构图

述

　　纹样的构图是在一定的规格范围内按纹样的构思意图，把设计元素按一定的关系、形式等设计要素进行编排、组合、安置和布局，是纹样设计的构成形式。不同的设计环节具备自身相对的独立性和完整性等相关特征，同时构图设计又承载着不同的设计信息。纹样设计的构图包含构成形式、布局接版和组合方法三个方面，每种不同的纹样构图设计相互贯通、相互融合，才会形成美的纹样设计。

导

知识目标	熟练掌握纹样的构成形式中单独纹样、适合纹样和连续纹样的设计与应用方法；熟练掌握构图形式中纹样的布局、接版的设计方法及纹样设计的组合形式
能力目标	具有纹样的构成、构图和组合的基本能力，进一步理解纹样设计的规律及特点，灵活运用到纹样设计当中
素质目标	培养学生具备良好的职业道德和专业素养，了解行业规范和标准；培养学生良好的沟通、表达和展示能力

一、纹样设计的构成形式

　　纹样的构成形式除与其他造型艺术有一般的共通点外，还有一些其他的特殊表现形式，即它必须力求适应工艺制作和装饰要求的制约，又要尽可能使纹样结构的形式趋于完美。在纹样的构成中，通常我们设计的纹样制作的尺寸和范围一般是指长乘宽的平面，它是由生产工艺和设备所规定，同时也与面料的门幅或成品款式有关。这就要求纹样的构图要素在此平面空间内的合理编排，编排时要考虑连续后的效果。因此，按构成形式、按最终产品的实用特点和纹样构成形式可分为单独纹样、适合纹样和连续纹样，这些纹样又分别有各自的组织形式。

1. 单独纹样

单独纹样是纹样设计中最基本的单位和组织形式，它既可以单独使用，也是构成适合纹样、连续纹样的基础，它具有完整性、独立性和广泛的用途。它的构成形式不受外形限制，结构自由。单独纹样从结构形式上主要可分为对称式和均衡式两种。

■ 对称式

对称式纹样以一条直线为对称轴，两侧为同形、同量的纹样，或一点为对称中心，上下、左右的纹样完全相同。对称式的特点是整齐、安详、庄重、平静，富于静态美，但容易呈现平淡、呆板、无活力的感觉。人类对对称有着成千上万年的感受与追求，这种设计方式是人类最容易接受的构成形式之一。在社会生活中，对称式的单独纹样出现较多。总体上对称式可分为两大类，第一类是轴对称，以图 2-2-1、图 2-2-2 为例，图案中的红色虚线竖轴将图案平均等分为两个左右对称的图形。再如图 2-2-3 和图 2-2-4 中，红色虚线横轴是将图案平均等分为两个上下对称图形。第二种对称是如图 2-2-5 和图 2-2-6 所示的中心对称构成形式。

图 2-2-1　Woodchip & Magnolia 纹样

图 2-2-2　Kravet Design 纹样

图 2-2-3　DW Bespoke Studio 纹样

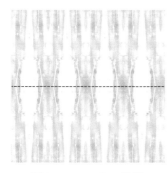
图 2-2-4　Palitra 纹样

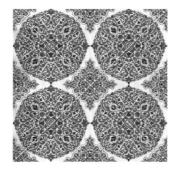
图 2-2-5　Albany 纹样

图 2-2-6　WallFashion 纹样

■ 均衡式

均衡式就是平衡式，这种构图形式从组织形式到空间安排都不受限制，依据中心线或中心点上下、左右发展各不相同，但总体看来是平衡、稳定的。其特点是生动、丰富，富于动态美，但在设计时要避免松散、零乱。单独纹样形式的纹样在纺织服装、平面广告、工业产品、环境艺术、建筑装修等各种领域都有广泛的应用，应用的范围没有限制，只要适合应用，都可以根据要求设计合适的单独纹样，服务于各种艺术和生活（图 2-2-7、图 2-2-8）。

图 2-2-7　IKSEL 纹样设计

图 2-2-8　IKSEL 纹样设计

■ 单独纹样在纺织面料中的应用

在纺织面料设计中，单独纹样的规格有明显的框架作用，如床品（图 2-2-9）、墙布（图 2-2-10）、服装（图 2-2-11）、围巾（图 2-2-12）等，纹样就在框架尺寸内构图布局，它们在纹样的构图上有一个共同的特点，就是在纹样的构图设计中并没有看到连续的迹象，每条边与边的纹样之间都没有关联，这就是单独纹样的典型特征。

图 2-2-9　DOUCEUR D'INTÉRIEUR 儿童床品　　图 2-2-10　Casadeco 墙布　　图 2-2-11　Wingfree 女装　　图 2-2-12　自由飞马围巾

在家居设计中，单独纹样通常运用在大面积的新中式空间中，这种新中式风格花卉题材的墙纸设计运用了单独纹样后，彰显端庄与优雅（图 2-2-13、图 2-2-14）。如图 2-2-15 所示，这些抱枕纹样也采用了单独纹样的构图方法。

南瓜寓意丰收和富足，还具有祛邪避鬼的象征意义。可爱俏皮的南瓜纹样抱枕为家居带来了喜庆和吉祥的氛围，让人们在节日时刻感受到快乐和庆祝的氛围。使用暖色调的南瓜色作为主色调，能够使空间更加和谐和温暖。南瓜不再仅仅作为装饰品存在，当带有表情的南瓜纹样或圆润的南瓜造型出现在家居产品上时，无疑增添了一份趣味与亲切感。

图 2-2-13　Tecnografica 墙布

图 2-2-14　LondonArt 墙布

图 2-2-15　GEEORY 家居

✓ 小练习

· 请根据本节所学内容，依据单独纹样的对称式和均衡式的设计特征，分别绘制出一个对称式单独纹样和一个均衡式单独纹样。

2. 适合纹样

适合纹样是从单独纹样中发展而来的。适合纹样是指图形的变化受到外形的限制，随外形的变化而变化。适合纹样有别于单独纹样的特点在于它必须有一定外形，纹样要适合其外形来构成。这种构成形式是将纹样依据一定的组织方法，使其自然、完整地适合特定的外形，如正方形、圆形、三角形、多边形、心形、扇形等。适合纹样的特点为造型构成严谨，有固定的构成规律。按设计表现形式适合纹样可分为形体适合、角隅适合、边缘适合三种主要形式。

■ 形体适合

形体适合在适合纹样设计中是比较普遍和常见的一种，形体适合的外形分为几何形体和自然形体两种。几何形体有圆形、三角形、星形等；自然形体有葫芦形、花卉形、水果形及文字形等。适合纹样有许多骨架规律，既要注意纹样的外形特征，也要把纹样内容自然、严谨地表现于外形中（图2-2-16）。

图 2-2-16　适合纹样

　　从内部布局上看，适合纹样与单独纹样类似，也可分为对称式和不对称式。对称式适合纹样有直立、放射、回旋等（图2-2-17）。不对称式的纹样形象虽不对称，但是分量相等，即纹样保持一定平衡状态，取得一种优美均衡的效果。这种不对称样式虽自由、活泼，但必须与外轮廓相适合（图2-2-18）。

微课：适合纹样

图 2-2-17　对称式适合纹样　　　　　　图 2-2-18　不对称式适合纹样

■ 角隅适合

　　"角隅"也称"角花"，是指处在带角的形状中和角隅部分的装饰纹样，因大多与角隅相符合，故又称"角隅纹样"。它既可以单一角构成，也可以对角、四角或多角构成。角隅纹样可根据不同的装饰要求，对角度的大小、形式结构进行变化，既可以单独使用，也可以与其他纹样组合。角隅适合按其骨式可分为两种，一种是对称式，如图2-2-19所示，纹样设计是按照90°平分斜线为对称轴进行对称。另一种是不对称式的角隅，如图2-2-20所示，线条生动、动态优美，这种类型的角隅在服装饰品上应用非常广泛。

PPT：适合纹样

图 2-2-19　对称式角隅

图 2-2-20　不对称式角隅

■ 边缘适合

边缘适合是一种装饰于特定的形体四周边缘的纹样。纹样与形体的周边相适应，也受形体的影响。边缘适合纹样在外观上看有点像二方连续纹样，但在构成上完全不同于二方连续。边缘适合纹样比较自由，可根据表现的需要自由确定纹样的形状、大小等，而不是简单地重复。通常边缘适合纹样运用于圆环（图 2-2-21）、方形（图 2-2-22）的产品中，是装饰形体周边的一种纹样。它一般用来衬托中心花纹或配合角隅纹样，也可独立用于装饰形体边缘。

适合纹样在实际生活应用中比较广泛，但在类型上却相对集中，在古代工艺品、装饰品、纺织服装上应用较多。在现代工业产品中，有许多设计师把一些适合纹样表现于包装和装饰上来体现审美。

图 2-2-21　圆环边缘适合纹样　　　　　　　　图 2-2-22　方形边缘适合纹样

■ 适合纹样在纺织品中的应用

设计师们通常喜欢把方形边缘适合纹样应用在床上用品的设计上，大多为欧式风格，运用在卧室中尽显高档奢华（图 2-2-23、图 2-2-24）。如图 2-2-25 所示为爱马仕的丝巾，采用的就是适合纹样的设计方法。丝巾作为爱马仕的标志，每一款都拥有独特的风格和设计，成为时尚界的经典之作。再如图 2-2-26 所示，将适合纹样应用在地毯上，几何的造型、复古的配色、做旧的质感、能给人带来异域的视觉冲击。

图 2-2-23　M&S 床品套件　图 2-2-24　Golden Home　图 2-2-25　Hermes 丝巾　图 2-2-26　Nuloom 地毯
　　　　　　　　　　　　　　床品套件

植物造型的适合纹样在近年来也被设计师们广泛关注，如植物标本、拓本等纹样应用于墙壁、窗帘、家具等，为居住者营造出绿意盎然、温馨宁静的生活环境。这种设计不仅能让空间充满自然的活力和生机，还能带来心灵愉悦与放松，让居住者与自然和谐共生，并感受到植物的疗愈力量。通过将适合纹样融入家居设计中，我们能够创造一个与大自然紧密联系的绿色生活空间，提醒我们珍视自然、保护环境，从而在忙碌的生活中找到平衡与宁静（图 2-2-27）。

图 2-2-27　Venus Deco 地毯

✓ 小练习

　　· 请根据本节所学内容，依据适合纹样中的形体适合、角隅适合、边缘适合的设计特征，分别绘制出形体适合纹样、角隅适合纹样和边缘适合纹样各一个。

3. 连续纹样

　　连续纹样，顾名思义，是指以一个单位重复排列形成的无限循环、连续不断的纹样。连续纹样一般有二方连续纹样和四方连续纹样两种形式。连续纹样因其没有明显的框架，而是以连续反复的规律来限定平面空间。连续纹样的设计规格可认为是给设计人员规定的空间平面。

■ 二方连续

　　二方连续纹样是由一个或两个纹样组合成的单位纹样，向上下或左右两个方向作重复排列的无限连续纹样，使之产生优美的、富有节奏和韵律感的横式或纵式的带状纹样，也称花边纹样。二方连续纹样根据美的法则有点、有线、有位置，有变化又有统一，设计时要仔细推敲单位纹样中形象的穿插、大小错落、简繁对比、色彩呼应及连接点处的再加工，根据不同设计师的不同设计方法会产生起伏、虚实、轻重、大小、疏密、强弱等各种变化的视觉效果。二方连续的设计特点是有严密的组织结构，既可形成独立的装饰体，也可和其他形式的纹样综合使用，延展性和连续性是连续纹样的最大特点。因此，二方连续纹样是带状的延展性纹样，在实际生产生活中应用范围很广，它被广泛用于建筑设计、书籍装帧、服饰边缘、装饰间隔等。二方连续纹样按基本骨式变化分，有以下几种组织形式。

微课：二方连续

PPT：二方连续

（1）散点式。散点式的二方连续的单元纹样一般是完整而独立的单独纹样，是指单位纹样之间互不相接的排列方式，以散点的形式分布开来，单元元素之间没有明显的连接物或连接线，用两三个大小、繁简有别的单独纹样组成。通常这种形式可采用大小不一的多个纹样疏密有致、大小相间地进行排列，其形式比较自由，呈现单纯、整齐、跳跃、清晰的纹样特征，可以产生一定的节奏感和韵律感，装饰效果会更生动（图 2-2-28）。

图 2-2-28　散点式二方连续纹样

（2）波浪式。波浪式二方连续是以波状曲线为骨式作连续排列，一般由圆弧、椭圆弧、双曲线、抛物线等波浪形的曲线组成。构成时可以是单一的波浪、平行的波浪，也可以是交叉或重叠的波浪，单位纹样之间以波浪状、曲线起伏作为连接。波浪起伏的大小可以产生纹样动感的强弱变化，有着连绵不断的舒展感和柔和流畅的韵律感，应用性很强（图 2-2-29）。

（3）折线式。折线式二方连续具有明显地向前推进的运动效果，连绵不断；单元纹样之间以折线状转折作为连接形成的各种折线，边角明显，刚劲有力，跳动活泼。以折线为骨式作连续排列，可按照一定的空间、距离、方向进行排列，根据折线角度的变化形成纹样动势角度的变化，以折线组合来划分格局，体现严谨、有力的结构特点，方向、趋势明显（图 2-2-30）。

图 2-2-29　波浪式二方连续纹样

图 2-2-30　折线式二方连续纹样

（4）连缀式。连缀式二方连续纹样之间以圆形、菱形、多边形等几何形相交接的形式来进行连接，分割后产生强烈的画面效果。连缀式二方连续纹样在设计时要注意正形、负形面积的大小和色彩的搭配（图2-2-31）。

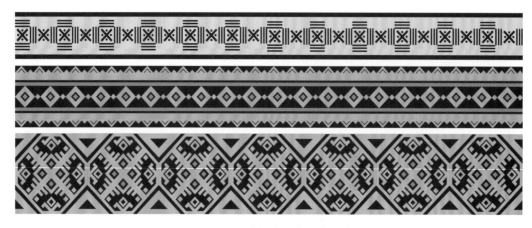

图 2-2-31　连缀式二方连续纹样

（5）方位式。纹样方位朝向的不同能产生不同格式的二方连续纹样，方位式二方连续纹样主要有垂直式、水平式、倾斜式。垂直式是指单位纹样全部由向上、向下混合成单位纹样并连续排列，其特点是稳重、端庄、严肃、秩序感强（图2-2-32）。水平式相对于垂直式而言具有方向性，但方向不同。水平式的主轴是水平状态的，方向由同向和背向互相交错组成，其特点清晰、平稳、交替有致（图2-2-33）。倾斜式的组织与垂直式、水平式的相似，只是纹样的方向作倾斜的排列。倾斜式纹样有一面倾斜、对立倾斜、交叉倾斜等形式。倾斜式纹样应注意空间变化和节奏感，单位纹样之间距离不要过近，倾斜角度要适中，角度过大或过小时切记不要偏离了适合纹样的内容和主题（图2-2-34）。

图 2-2-32　垂直式二方连续纹样

图 2-2-33　水平式二方连续纹样

图 2-2-34　倾斜式二方连续纹样

（6）综合式。综合式纹样是在上文讲到的散点、波浪、折线、连缀、方位五种设计方法的基础上进行变化的组织结构形式的统称，不易呆板、无明显隔开的连续感。综合式纹样的结构变化非常丰富，它们相互配用、巧妙结合、取长补短，能根据需求随意变换。把二方连续纹样特点与实际应用结合起来可产生风格多样、变化丰富的二方连续纹样（图 2-2-35、图 2-2-36）。

图 2-2-35　综合式二方连续纹样（1）

图 2-2-36　综合式二方连续纹样（2）

（7）二方连续纹样在纺织品中的应用。近年来，国内受装饰艺术启发，运用感性的有机线条来庆祝当代奢华风格，大量运用机械化的线条、放射状的太阳光线条、齿轮、几何图形的流畅线条、打破常规的形体设计、明亮且对比明显的颜色等设计形式。二方连续纹样常用在花边辅料上，华丽的珠宝和刺绣花边装饰在窗帘的侧缝边缘处，提升款式的灵动与精致度，更是为各类设计中提供了无与伦比的奢华效果（图 2-2-37）。素色、拼布类窗帘在家居消费市场也在持续地被关注，作为窗帘的核心搭配之一，"织带"就是二方连续纹样的典型代表，织带设计同样需要迎合这种新式复古风潮，经典的拼色、中式传统纹样、装饰几何、国潮字母元素将引领织带设计的新风潮（图 2-2-38）。在自然界中的生物设计应用方面，协同珠饰在窗帘饰边上开始复苏。将大黄蜂、甲虫、蜜蜂等昆虫形象，通过金属线和纱线刺绣工艺相结合，打造出闪亮效果，其栩栩如生的形态表达着对自然世界的敬畏。在面料材质上还延续了皮质贴花的风潮，将串珠、刺绣工艺与之进行碰撞，运用在装饰细节处更加具有质感和精致度（图 2-2-39）。

图 2-2-37　巴洛克宫廷服装

图 2-2-38　Houles 家居

图 2-2-39　Mirabel Slabbinck 家居

✓ 小练习

· 请根据本节所学内容，依据二方连续的设计特征，完成一幅综合式的二方连续纹样设计。

■ 四方连续

　　四方连续纹样是指一个单位纹样向上、下、左、右四个方向反复连续循环排列所产生的纹样。因此，四方连续是一种无限循环（由规格所限定）的单元纹样（或点、线、面、形、色、肌理），向上、下、左、右四个方向作无穷尽的反复延伸。这种连续状态给人们视觉上、心理上以匀称的韵律感和反复统一的美感。四方连续纹样节奏均匀、韵律统一、整体感强。设计时要特别注意的是单位纹样之间连接后不能出现太大的空隙，以免影响大面积连续延伸的装饰效果。四方连

微课：四方连续

续纹样广泛应用在纺织面料、室内装饰材料、包装纸等上面。按基本骨式变化分，四方连续纹样主要有散点式四方联续、连缀式四方联续、重叠式四方联续三种组织形式。

PPT：四方连续

（1）散点式四方联续。散点式四方连续纹样是一种在单位空间内均衡地放置一个或多个主要纹样的四方连续纹样。这种形式的纹样一般主题比较突出、形象鲜明，纹样分布可以是较均匀齐整、有规则的散点排列，也可以是自由、不规则的散点排列形式。但要注意的是单位空间内同形纹样的方向可作适当变化，以免过于单调呆板。

微课：散点式四方连续

散点排列是纹样设计中最常用的构图方法，即把纹样元素的安置以定点的方式排列发展而成四方连续纹样。定点的数量、位置都可自由选择。自由散点排列法不拘点数、选位自由、随意而立、自成章法，基本点位以匀称、平衡为原则，这种设计方法通常需要有定点排列的设计经验。因此，散点式纹样的设计依据元素的种类、大小、重复方式可分为规则散点式纹样和不规则散点式纹样。

PPT：散点式四方连续

在规则的排列中，如纹样元素的种类 ≥ 1，元素的大小可相同或不同，元素呈有序的方式进行垂直或交叉，规则散点排列就可分为平排和斜排两种设计方法。在不规则散点纹样设计的排列中，纹样元素的种类也是 ≥ 1，元素的大小可相同或不同，与规则排列不同的是，纹样元素呈无序的交叉方式排列（图 2-2-40）。

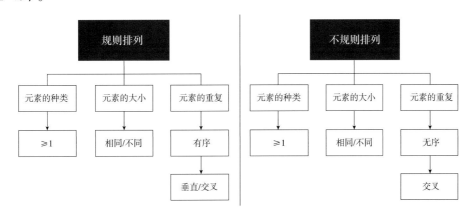

图 2-2-40　散点排列分类

①规则散点。图 2-2-41 是一种规则纹样设计方法。横坐标方向代表在元素种类 =1 或 =2，再或者 =3，以及更多的情况下，元素数量由少变多的纹样演变过程，与此同时，纹样设计也从简单变得更加丰富。纵坐标则代表元素大小的相同或不同，同样是元素数量 =1 或 =2，再或者 =3，以及更多设计元素的情况下，因元素大小相同或不同，呈现出层次更加分明的设计。将图 2-2-41 中 6 幅作品的设计骨骼结构用红色的虚线标注后，就会直观地看到，随着元素数量的增多、元素大小的变化，呈现出来的纹样内容就会越来越丰富。这就是在元素规则排列的设计方法中，所有元素有序且呈水平、垂直方向依次进行重复排列的规则散点式纹样设计方法。

在图 2-2-42 中，纵坐标仍然代表元素大小相同或不同，元素数量在 =1 或 =2，再或者 =3，以及更多设计元素的前提下，在纵坐标方向可将元素设计成大小相同和大小不同的两组纹样。同样用红色的虚线标注 6 幅作品的设计骨骼后，就可以看到所有的虚线呈有序的交叉状态，这就是元素按有序的交叉方式进行规则排列的散点构图的设计方法。

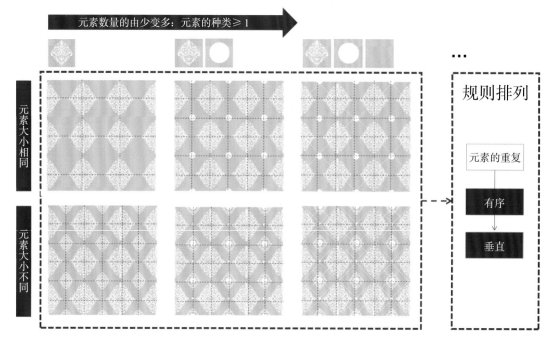

图 2-2-41　规则散点水平、垂直规则散点式纹样设计

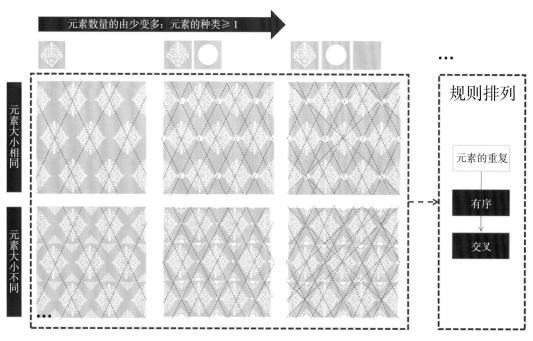

图 2-2-42　规则散点交叉规则散点式纹样设计

　　②不规则散点。不规则散点与规则散点的排列方式截然不同。如图 2-2-43 所示，在横坐标与纵坐标不变的情况下，当单元元素呈无序交叉状态时，代表设计骨骼的红色虚线布满整个设计版面，且呈现出繁复交叉的状态，因此可以得出元素的无序交叉排列方法，即纹样不规则散点式排列方法。

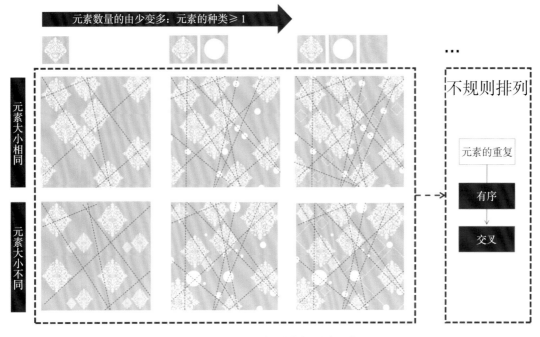

图 2-2-43　不规则散点纹样设计

　　不规则散点元素因其选位随意、灵活、自由、不拘点数、伸缩性大等特性，一般以平衡、均匀为首要设计原则，是纹样设计中最有特点、相对较难把握的一种构图方式。下面将以单元元素为例，列举出散点构图中常见的 7 种构图骨骼。

　　散点骨骼 1：假设把一个元素或一个元素组看成一个整体，导入散点骨骼 1，将其进行上、下、左、右的规则排列，会呈现出图 2-2-44 样式的散点纹样，图 2-2-45 是散点骨骼 1 的四方连续的延伸稿。

图 2-2-44　散点骨骼 1　　　　　　　　　图 2-2-45　散点骨骼 1 四方连续

　　散点骨骼 2：假设还是将一个元素或一个元素组看成一个整体，导入散点骨骼 2 进行元素排列，会呈现图 2-2-46 的散点纹样，图 2-2-47 为散点骨骼 2 的四方连续延伸。

　　散点骨骼 3：骨骼 3 是一个元素或元素组的垂直重复，按照散点骨骼 3 进行相邻垂直位置排列，则呈现图 2-2-48 的散点纹样，图 2-2-49 是散点骨骼 3 的四方连续延伸。

　　散点骨骼 4：一个元素或元素组导入散点骨骼 4 进行排列，所得到的纹样构图如图 2-2-50 所示，图 2-2-51 则是散点骨骼 4 的四方连续延伸。

图 2-2-46 散点骨骼 2　　　　　　　图 2-2-47 散点骨骼 2 四方连续

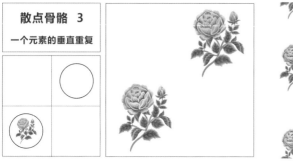

图 2-2-48 散点骨骼 3　　　　　　　图 2-2-49 散点骨骼 3 四方连续

图 2-2-50 散点骨骼 4　　　　　　　图 2-2-51 散点骨骼 4 四方连续

散点骨骼 5：将一个元素或元素组按照不同大小，如图 2-2-52 所示的散点骨骼 5 进行散点排列，图 2-2-53 则是散点骨骼 5 的四方连续延伸。

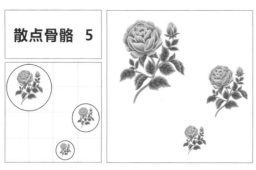

图 2-2-52 散点骨骼 5　　　　　　　图 2-2-53 散点骨骼 5 四方连续

散点骨骼 6：同理，将一个元素或元素组导入图 2-2-54 所示的散点骨骼 6，并将其进行四方连续延伸得到图 2-2-55 所示的纹样设计效果。

图 2-2-54　散点骨骼 6　　　　　　　　　　图 2-2-55　散点骨骼 6 四方连续

散点骨骼 7：第七种方法是将一个元素或元素组导入图 2-2-56 的散点骨骼 7，并将其进行四方连续延伸得到图 2-2-57 的纹样设计效果。

图 2-2-56　散点骨骼 7　　　　　　　　　　图 2-2-57　散点骨骼 7 四方连续

（2）连缀式四方联续。连缀式排列也称穿枝连缀型排列，是以曲线骨格为基础，以紧密、充实为设计特征。连缀式连续中元素之间以可见或不可见的线条、块面连接在一起，产生穿插排列、连绵不断的四方连续纹样。连缀式四方联续按排列形式可分为菱形连续、波形（S 形）连续、圆形连续、鱼鳞连续、蜂窝连续等。

①菱形连续：菱形连续是以几何形体（如方形、圆形、梯形、菱形、三角形、多边形等）为基础构成的连续性骨架。若单独作装饰则显得简明有力、齐整端庄，对比强烈的鲜明色彩更具现代感。若在骨架基础上添加一些适合纹样会丰富其装饰效果，细腻含蓄、耐人寻味。如图 2-2-58 所示，从从这幅纹样设计中我们看到，设计师首先将卷草纹设计成菱形的骨架，然后将石榴花纹样填充至骨骼中。如图 2-2-59 所示，由竹竿搭建起来的菱形篱笆骨架，花卉依照骨骼生长，这样的连续纹样设计既可爱又自然。

②波形连续：波形连续也称 "S" 形连续，波形连续从字面上理解是以波浪状曲线为基础构造的连续性骨架。这种设计手法的纹样设计会显得流畅柔和、典雅圆润，花卉是设计师们一直热衷的主题。如图 2-2-60 所示的设计作品中可以看出，纹样中贯穿着两条波形线的主线，以折枝花卉为元素的纹样设计中，主枝干曲折盘绕。这样的纹样设计既有轻盈飘逸的外形轮廓，不经意、不夸张、不掩饰自己的容颜和品性，又有着妩媚迷人的视觉冲击力，象征着植物旺盛的生命力。生命的悄然开放又悄然凋落，无不遵循大自然的规律。如图 2-2-61 所示，在波形骨骼的设计形态内采用单色块面式填充，达到一种复杂与简洁之间的平衡，形成层次分明的视觉效果。

图 2-2-58　Francfranc
纹样设计

图 2-2-59　Bethany Linz
花卉墙纸

图 2-2-60　Thibaut 纹样设计

图 2-2-61　DW Bespoke
Studio 墙纸

③圆形连续：圆形，圆而结实、饱满圆实，在纹样中圆形与圆形相互重叠，重叠后又组成新的形状，这样纹样的层次显得更加丰富。如图 2-2-62 所示，纹样乍一看像一个个铜钱，其纹样设计是将圆形元素有序地排列整齐，平衡又有规律。同样是圆形元素的连续纹样，图 2-2-63 中将圆形与长方形相互切割形成反差效果，这样的设计手法会让纹样看起来更具动感，也更加活泼。

④鱼鳞连续：鱼鳞是指鱼外表保护自身和防止水流失的外壳，一般呈扇状；在纹样设计中指的是形如鱼鳞的排列，故又称"鱼鳞纹"。常见的鱼鳞连续的构成大多为统一方向。图 2-2-64 采用的就是方向向上的鱼鳞连续纹样，这是日本风格纹样设计中典型的骨架样式。图 2-2-65 的设计亮点是设计师将鱼鳞形状作为墙纸的骨骼，在鱼鳞骨骼中巧妙地结合枫叶元素，既丰富又时尚。

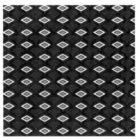

图 2-2-62　DW Bespoke
Studio 纹样设计

图 2-2-63　DW Bespoke
Studio 墙纸

图 2-2-64　Saint Pierre
Albany 纹样设计

图 2-2-65　MINDTHEGAP
墙纸

⑤蜂窝连续：蜂窝是蜂巢的俗称，是蜂群生活和繁殖后代的处所，在纹样设计中指的是图案延伸出像蜂窝似的多孔形状。蜂巢是六角形的，这种六角形所排列而成的结构叫作蜂窝结构。六角形给人以非常坚固的感觉。蜂窝连续纹样的排列有很多种，有重叠的、置入的等样式。图 2-2-66 所示这幅纹样由相同色系、相同形状的蜂窝型组成。图 2-2-67 是将大理石纹样应用在了蜂窝形的骨架中，尽显时尚大气。

（3）重叠式四方联续。重叠式四方联续是将两种或两种以上的连缀式四方连续纹样混合运用的设计方法，是一种综合式的纹样构成。这种类别的纹样设计方法是采用两种或两种以上的纹样重叠排列在一起，其中一种纹样为地纹，另一种为浮纹，对比、衬托后使纹样显得充实、丰富、有层次。这种排列在造型和色彩上要全面考虑，浮纹一般是主纹，地纹起陪衬作用。地纹的组织结构、色彩处理相对简单、柔和，而浮纹的处理相对强烈、明确、条理清晰、层次丰富，最终地纹和浮纹要相互协调，主要突出四方连续纹样的层次，应用时要注意以表现浮纹为主，地纹尽量简洁，以免层次不明、杂乱无章。重叠式四方联续纹样的构成方式有两种，分别是平铺型地纹重叠和散点浮纹重叠。

①平铺型地纹重叠：平铺型地纹重叠是由散点地纹和散点浮纹重叠构成。如图 2-2-68 所示为散点地纹与散点浮纹重叠构成的重叠式四方联续，用作地纹的散点的纹样比浮纹的散点大马士革

纹样的造型简单，色彩上更加贴近底色，这种设计手法才能衬托出浮纹，否则会主次不分、杂乱无章。

②散点浮纹重叠。散点浮纹重叠构成是相同的地纹和浮纹重叠构成，相同的地纹和浮纹重叠构成是指用同一个纹样既做地纹，又做浮纹，相互穿插成为一幅散点样式重叠纹样的设计。如图 2-2-69 所示，在这种重叠构成中，纹样元素要注意色彩和大小的对比运用，地纹一般用单一、对比弱的色彩，浮纹用色彩丰富、能突出浮纹特点的色彩。浮纹的大小可以与地纹大小一致，也可以缩小放大，方向与角度上也可以有所变化。

 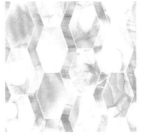  

图 2-2-66　Etten 纹样设计　图 2-2-67　Kravet Design　图 2-2-68　Euro Decor　图 2-2-69　Cristiana Masi
　　　　　　　　　　　　　　　　纹样设计　　　　　　　　纹样设计　　　　　　　　纹样设计

✓ 小练习

· 纹样的设计是通过向上、下、左、右四个方向作无穷尽的反复延伸形成的连续，这种纹样称为什么纹样？

· 当单元元素呈无序交叉状态时，元素与元素之间的连线呈现出繁复交叉的状态，这是哪类纹样的排列方式的特点？

· 以波浪状曲线为基础构造的连续性骨架，是哪类连续纹样？

· 纹样的构成是由散点地纹和散点浮纹重叠构成，是哪种连续纹样的典型特征？

二、纹样设计的构图形式

1. 纹样的布局

纹样的布局主要是指要素占据平面空间的密度，以及"花"与"底"的比例状态，纹样的布局也可以理解为构图的基本样式。根据不同元素与纹样风格的要求，这样的布局可分为清地布局、混地布局和满地布局。

■ 清地布局

清地布局是指所设计的纹样在整个纹样设计中所占的面积比例较小，而留有较大空间的底面背景。通常在一个单元纹样的设计面积内，设计纹样面积在 1/2 以下，占总面积的 30% 左右，纹样与底面的关系有清楚可见的面积底色。清地布局纹样设计中的单元元素强调姿态优美、造型结构要经得起推敲，要表现出"花"清"底"明、布局明朗的特色。此类纹样的布局看似简单，但因所有的纹样造型都无所遮盖，所以对单元元素的造型设计要求相对较高（图 2-2-70、图 2-2-71）。

微课：纹样的布局

PPT：纹样的布局

如图 2-2-72 所示，在这幅作品中，白色的底占了很大的部分，几何形形成连缀式的循环，整个元素的设计造型上显得更加简洁大方。同理，我们看到图 2-2-73 的纹样设计是以单个的棕榈叶为单元元素，那么，这一片棕榈叶就会变成大众的目光焦点，因此，这种类型的纹样设计对单个花型的要求非常高。

 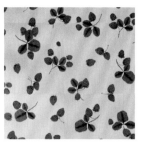  

图 2-2-70　Maeve
纹样设计　　图 2-2-71　Laura Ashley
纹样设计　　图 2-2-72　Barbie
纹样设计　　图 2-2-73　World Market
纹样设计

■ 混地布局

　　混地布局中的"花"与"底"在整个纹样中所占的面积相当、排列匀称，布局上虽然有一定面积，但在视觉效果上，花的视觉效果比底的视觉效果更吸引人，值得注意的是，此类布局手法是在纹样设计中应用最为广泛的。在图 2-2-74～图 2-2-76 的应用案例中可以看出，虽然它们是在表现不同形式的连缀植物纹样，但它们的共同特征是"花"和"地"的面积各占了一半，在"花"的部分，即植物的造型，复古、刻画精美、层次丰富，从纹样的表现上也更加耐看。

图 2-2-74　Emil & Hugo 纹样设计及应用

图 2-2-75　Voyage 纹样设计及应用

图 2-2-76　Avalana 纹样设计及应用

■ 满地布局

　　最后一种纹样布局方法为满地布局。满地布局中"花"在整个纹样中的面积占了绝大部分甚至是全部，看上去"花"多"底"少，或者是几乎看不到"底"。此类构图要求层次分明、布局匀称、花色丰富、多而不乱、主体突出、宾主呼应，形成"花""底"相互交融的视觉效果。图 2-2-77、图 2-2-78 的案例中可以看到纹样的设计选用了反佩兹利为元素的满地纹样设计，这种满地布局的设计方法以效果层次丰富、色彩搭配强烈、画面热闹华美、纹样造型饱满为设计特色。图 2-2-79 的案例也是满地纹样设计，纹样选用的是建筑元素，建筑之间的搭配错落有致，应用在男子的运动卫衣和空间墙纸上，诙谐又可爱、复古且优雅。

图 2-2-77　Schlossberg 纹样设计及应用

图 2-2-78　M&S 纹样设计及应用

图 2-2-79　Holden Decor 纹样设计及应用

以图 2-2-80 和图 2-2-81 的案例为例。图中标注的①是连续纹样的单元纹样完整回位；②是将单元纹样连续接版后形成无限的连续纹样，表现出花纹的连续性；③是将此纹样连续接版后应用在空间中的整体效果。

图 2-2-80　案例（House of Heras 纹样设计及应用）

图 2-2-81　案例（Woodchip & Magnolia 纹样设计及应用）

✓ **小练习**

· "花"与"底"在整个纹样中所占的面积相当、排列匀称是哪种布局的特点？

· 在一幅纹样设计中，如果纹样面积在 1/2 以下，属于哪一类的纹样布局设计？

· 效果层次丰富、色彩搭配强烈、画面热闹华美、纹样造型饱满是哪种纹样布局的典型特点？

2. 纹样的接版

接版是印花纹样设计中的专业术语，是指在纺织面料纹样设计中连续纹样的各个单元完整纹样之间相互连接的设计方法。也可以理解为在一定的空间内对四方连续纹样进行上、下、左、右4个方向的反复延伸。这就要求设计师们不仅要掌握单独纹样设计的美感，更要考虑到接版之后的整体视觉效果。在纺织品纹样设计中最为常用的接版方式有平接版和跳接版。

■ 平接版

平接版也称对接版，是将单元纹样上与下、左与右相接，使整个单元纹样向水平与垂直方向反复延伸。这种接版方式简单方便，纹样组织平稳，但连续后的画面很容易平板，律动感弱。如图 2-2-82 所示，以一盆植物作为单独纹样来进行纹样的接版，就可以很直观地可以理解平接版的设计方法。如图 2-2-83 所示，将这个植物元素换成一幅完整的纹样设计，通过运用相同的平接版的设计方法，就会呈现这种上、下、左、右平行相接的连续纹样。

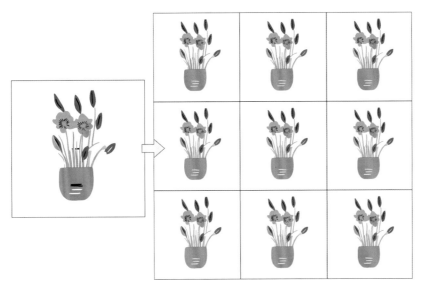

微课：纹样的接版

图 2-2-82　单独纹样平接版示例

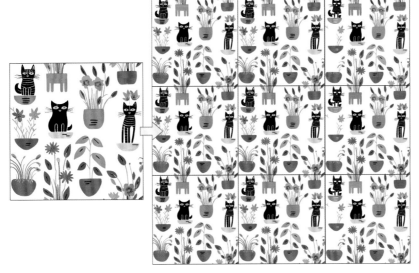

PPT：纹样的接版

图 2-2-83　完整纹样平接版示例

在纺织品纹样设计中，如何才能将单元纹样在上、下、左、右四个方向设计成无缝连接的状态？我们以纹样案例来进行分析，如图 2-2-84 所示，将纹样的四条边标注 a、b、c、d。使用平接开刀法将这幅纹样从对角线方向进行切割，将纹样分割成两个相等的三角形，分别标注①、②。图 2-2-85 中将①号三角形的 b 边和②号三角形的 c 边相接，完成左右两边的连续接版；接下来将①号三角形的 a 边和②号三角形的 d 边相接，完成上下两边的连续接版，这样就完成了上、下、左、右四个边的平接版。

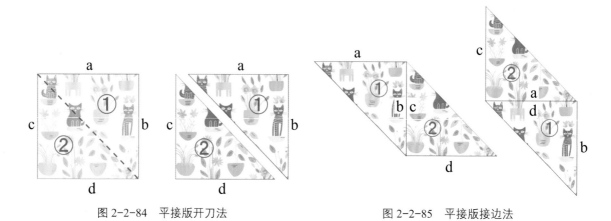

图 2-2-84 平接版开刀法   图 2-2-85 平接版接边法

■ 跳接版

跳接版也称为 1/2 接版，纹样组织相对于平接版而言较为活跃。跳接版是一个单位纹样组织左右为波浪结构循环。如图 2-2-86 所示，还是以一盆植物作为单独纹样来进行纹样的接版样例，可以看到跳接版是与平接版截然不同的一种纹样排列方式。它的特点就是在单元纹样上下边或是左右边的 1/2 处进行接版（案例示例为上下边的 1/2 处接版方法），以此类推产生了排列上的错位。同样，我们将一盆植物单元元素换成一幅完整的纹样设计，通过运用跳接版的设计方法，就会呈现如图 2-2-87 所示的上、下、左、右错位相接的连续纹样。

在跳接版的排列中，我们如何将上、下、左、右四个方向设计成无缝连接的状态？首先，从上文中跳接开刀法的案例中我们看到，跳接开刀法和平接开刀法的设计方式完全不同。如图 2-2-88 所示，将这幅纹样依水平中分线平均分成上、下等大的两个长方形（四边分别是 a、b、c、d）。上面的长方形我们标注为①（长边为 a，被切分的两条短边分别标注 b1、c1），下面的长方形标注为②（长边为 d，被切分的两条短边分别标注 b2、c2）。跳接版的排列口诀为"左上对右下，右上对左下"，即图①的右边连接图②的左边（b1 接 c2），图①的左边连接图②的右边（c1 接 b2）形成错位接版（图 2-2-89）。

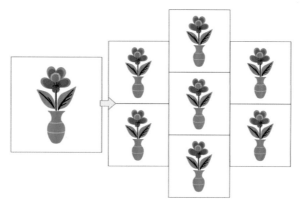

图 2-2-86 单独纹样跳接版示例

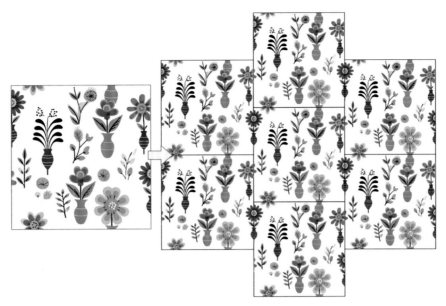

图 2-2-87　完整纹样平接版示例

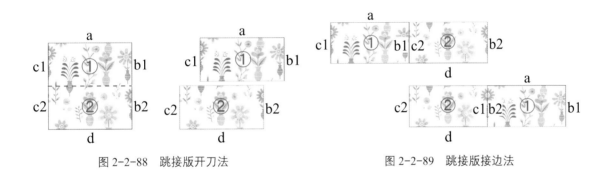

图 2-2-88　跳接版开刀法　　　　　　　图 2-2-89　跳接版接边法

　　从两种不同的接版方式来看，平接版不如跳接版的效果自由活泼，单元的反复不宜过于明显。平接版适合密集小花型的染织纹样，而跳接版多被印花纹样采用。平接版与跳接版的排列方法在应用上的不同之处在于，平接版在狭小的空间内、连续纹样的不断重复会显得较为呆板，而跳接版产生了一种视觉上的动感，这种排列方法会使纹样设计更加丰富。因此，无论在设计中采用平接版还是跳接版，应根据设计内容及要求进行，选择适当的接版方式，以便安排好纹样的设计构图。

三、纹样设计的组合形式

　　前面已经学习了纹样元素的设计方法，可谓各式各样、琳琅满目。那么，如何将设计完成的单一元素变成组合元素，再到完整的纹样设计？纹样设计的组合方法是纺织品纹样设计中非常重要的一环，在本节中我们将讲解如何将绘制完成的元素组合成元素组的纹样设计演变过程，以及如何从元素组变为完整纹样的设计方法。

1. 从单一元素到组合元素

　　在进行纹样设计之前应熟知纹样设计的步骤，通常是先确定好设计风格，再确定元素的种类及其组合方式，使之从单一元素过渡到组合元素，运用构成形式、布局接版和本章节学习的组合方法，使之形成一个完整的纹样。在形成完整的主纹样之后，再依次进行纹样的配色、配套和应用，从而完成纹样设计的整个过程。

如图 2-2-90 所示，案例中提供了已经绘制完成 8 种不同的单一纹样元素，包含了动物、花卉、叶子的不同形态。图 2-2-91 中将这 8 种不同的单一元素分别进行了二次组合，得到了左、右两个截然不同的组合纹样元素。

图 2-2-90　绘制的 8 种单一纹样元素

图 2-2-91　组合纹样元素

微课：从单一元素
到组合元素

接下来将完成的是组合纹样元素的进一步丰富及拓展，如图 2-2-92 所示就组合设计成为一幅完整的纹样设计。纹样的组合设计过程实际上就是从单一元素到纹样的基本组合方式或多种组合的纹样演变过程。

图 2-2-92　组合纹样元素拓展

PPT：从单一元素
到组合元素

从上文图 2-2-92 的案例中可以看出不同的元素可以有多种不同的组合方法，其规律通常是由简单到复杂，我们再用一个案例来感受一下。如图 2-2-93 所示，花朵有着不同的开放状态，如盛开的花朵、半开放的花朵和含苞待放的花蕾等，选取大自然中不同状态的花卉元素绘制，叶子元素选用了单叶、复叶等，共绘制了 9 种不同形态的植物元素。

图 2-2-93   组合纹样元素

这些元素用不同组合形式即可得出不一样的花卉组合形态。如图 2-2-94 所示，选择一朵盛开的花朵和一片复叶进行组合就可以组合出"1+1"组合元素形态；再如选取其中一朵花和两片叶子的三个元素再来进行组合，即"1+2"的组合方式；再来进行一组"1+3"的组合，组合元素纹样又更加丰富了一层；最后，选取多个叶片与多个花朵进行"N+N"的组合方式，得到了一组既丰富又不缺层次的元素组。

1+1   1+2   1+3   N+N

图 2-2-94   元素的组合方式

在元素组合的过程中，需要注意的是设计一定要符合植物生长的规律，比如说花苞和嫩叶要组合在一起，小的花朵旁边总是叶子比较多，开放的花朵通常会跟成熟的叶子组合在一起，这就符合了花卉在大自然生长过程中的规律。从上述两个案例中可以总结出从单一元素纹样到组合元素纹样的演变方法。纹样的组合方法就是从单一的元素，到 1+1、1+2、2+2 等基本组合方式，再到 N+N 等多样元素、多种组合方式的演变过程（图 2-2-95）。

单一元素   基本组合   多种组合
花卉 + 叶子   1+1/1+2   N+N

图 2-2-95   纹样组合的演变过程

2. 从组合元素到纹样设计

前面已经学习了从单一元素到组合元素的演变过程，其实就是由单一元素到基本组合再到多种组合的设计过程。同理，从组合元素到纹样设计也可以有多种排列方法，我们将组合完成的元素组依次带入散点骨骼中，就是纹样设计由部分到整体的设计方法。

■ 组合方法一

将一组组合元素按照散点骨骼方法 1 进行元素组排列，不断重复之后得到如图 2-2-96 所示的一个完整的散点纹样。

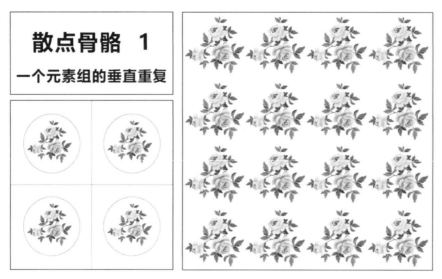

图 2-2-96　组合元素散点排列方法 1

■ 组合方法二

采用的排列方法为纹样排列方法中的跳接版样式，经过连续重复之后得到图 2-2-97 所示的纹样设计。对比前后两个纹样，可以看出方法二更加灵动活泼，而方法一相对比较拘谨。

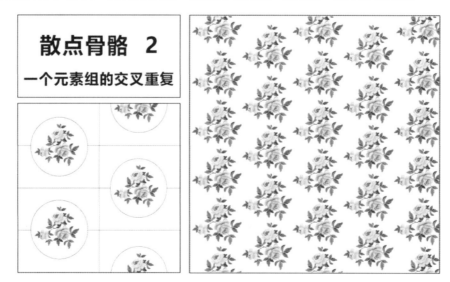

图 2-2-97　组合元素散点排列方法 2

■ 组合方法三

如图 2-2-98 所示，进行丰富之后的组合元素，进行跳接版及散点的组合之后，组合出的纹样就更加灵活。

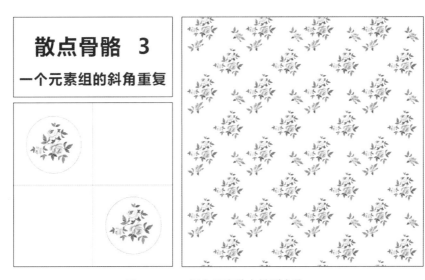

图 2-2-98　组合元素散点排列方法 3

■ 组合方法四

以此类推，将不同大小的元素组进行不规则的无序散点排列可以演变出更多的纹样设计，如图 2-2-99 所示，纹样的组合就更加丰富，也更加贴近自然。

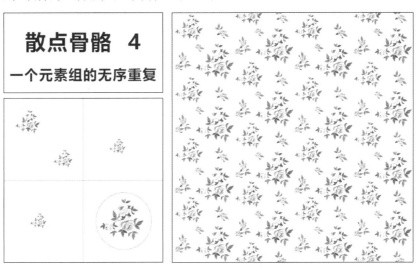

图 2-2-99　组合元素散点排列方法 4

如图 2-2-100 所示，从这个演变过程中我们可以看出，通过不同的组合方法对纹样元素进行二次组合，是纹样设计由部分到整体的设计过程。每种组合方式各有不同的优点及缺点，不同组合方式的呈现也会使纹样的构图从呆板到灵活。

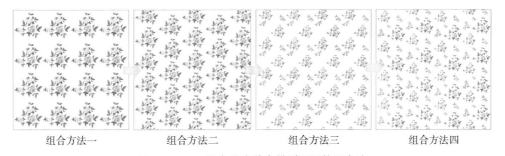

组合方法一　　　　组合方法二　　　　组合方法三　　　　组合方法四

图 2-2-100　组合元素散点排列不同构图方法

同样，纹样可以有多种应用方法，这些纹样可以应用于不同领域和不同产品，比如我们日常的服装、鞋子、箱包、化妆品等服装饰品类，以及软装家纺产品、家具产品和墙纸墙布等家居产品类，还有日常出行产品、餐具等生活用品类，纹样装饰了我们的空间，其应用千姿百态，丰富了我们的生活。

　　以图 2-2-101 的窗帘为案例，从左右两片窗帘纹样上可以看到，左图选用的纹样偏大，右图偏小，左图纹样在空间中更显舒适。因此，在相对较小的空间中通常采用相对较小的纹样，即大空间用大纹样，小空间用小纹样。

图 2-2-101　纹样空间应用效果

　　图 2-2-102 所示为女士裙装的应用效果图，将纹样的四种组合方法分别应用在裙装上，可以明显地看出每种组合分别有着各自的特色，"大花"应用效果端庄大方，"小花"应用效果则显得更加俏皮和精致，可谓是各有千秋。此类纹样的应用最终选用"大花"还是"小花"应根据产品设计的前期调研方案和产品定位来确定。

组合方法一　　　　　组合方法二　　　　　组合方法三　　　　　组合方法四

图 2-2-102　纹样服装应用效果

练

1.请根据本节的学习内容，自选设计元素，设计一幅跳接版的四方连续纹样。

2.纹样设计尺寸：30 cm×30 cm，AI 制图。

3.请将设计完成的纹样结合纹样设计的风格及特点，尝试应用在纺织面料上。

第三章
"唐宋诗词"主题项目实训
——径幽闻草香

引

《同诸韩及孙曼叔晚游西湖三首·其一》
宋·梅尧臣
晚日城头落，轻鞍果下凉。
野蜂衔水沫，舟子剥菱黄。
木老识秋气，径幽闻草香。
幅巾聊去检，不作楚人狂。

■ 项目导入

诗词是一种文学体裁，它能够表达人们的思想感情，抒发人的内心世界，是人类智慧的结晶。千百年来，古典诗词所带给我们的语感、美感及情感都是巨大的，更是深入人心、沁人心脾的，这也是古典诗词的魅力所在。《同诸韩及孙曼叔晚游西湖三首·其一》是北宋著名现实主义诗人梅尧臣创作的诗歌，该诗以简洁而细腻的语言描绘了城头落日的景色，传达了一种宁静、轻松和舒适的氛围。这首诗具有宋代诗歌特有的细腻和意境表达，展现了梅尧臣的独特才华和对自然美的感知。

在家用纺织设计中融入诗歌主题，与纺织品的纹样设计相结合，能够满足现代人的物质需求和精神需求，同时也能够传承优秀的民族文化。因此，在设计中应该积极应用其元素，汲取传统纹样的文化精神，实现传统与现代的融合。

任务工单	
项目来源	某家纺实业有限公司"唐宋诗词"主题家居纹样设计开发项目
空间风格	适用于现代风格、北欧风格、现代中式风格等
企业要求	1. 遵循国家家用纺织品行业标准，在限定主题的基础上对纹样进行配套设计； 2. 依据《同诸韩及孙曼叔晚游西湖三首·其一》内容提取元素及纹样的造型特征进行纹样再创作，设计出一份完整的纺织品纹样设计； 3. 针对诗词内容进行纹样设计时注意表现纹样的手绘质感； 4. 注重设计表达，使空间与纹样有机融合，满足消费者对功能与审美的需求
任务要求	1. 明确企业项目要求，与企业设计师进行实时沟通，对设计草图、配色方案、纹样深化和配套方案进行逐一呈现； 2. 作品设计中应包含设计企划、配套设计、整合设计和应用推广四个部分，如图 3-1-1 所示，PDF 电子文档格式（位图文件 300 dpi）； 3. 建议学时：16 学时 引 ✓ 项目导入 ✓ 项目要求 ✓ 目标导航 析 ✓ 市场调研 ✓ 项目定位 做 ✓ 设计草图 ✓ 配色方案 ✓ 纹样深化 ✓ 配套方案 拓 ✓ 数字呈现 ✓ 饰品配套 ✓ 效果呈现 评 ✓ 评分标准 图 3-1-1 纹样设计基本程序
工作标准	[岗] 家纺设计师岗位工作标准 1. 掌握各类市场资讯，分析流行趋势及面辅料颜色、花型、款式等设计要素，进行市场预测和趋势预测分析； 2. 根据年度、季度产品开发任务，完成产品系列款式设计、研发、开发花型纹样设计、工艺设计和配色等工作； 3. 熟练使用纹样设计流程当中涉及的相关平面及三维软件
	[赛] 中国国际面料设计大赛 1. 将时尚创意、文化传承与市场应用相结合，挑战创意极限，引领纺织面料设计的潮流，提升中国纺织行业的创造力； 2. 通过产业链上下游的资源整合与实际应用，促进设计成果实现产业化，提升中国纺织行业的时尚竞争力
	[证] "1+X"文创产品数字化设计（中级） 1. 理解主题概念，掌握与纹样设计相关的技术和知识； 2. 考核内容与该行业需求紧密接轨，考察创造性、技术能力与综合能力

■ 目标导航

知识目标	以实践案例为切入点，探索诗歌与纺织品纹样相结合的设计策略与方法，为诗歌与纺织品纹样融合提供新思路
能力目标	主题思想提取成创意元素，并将元素重新组合，促进纹样的设计创新，使之符合现代人的审美观念
素质目标	求真务实，精益求精，有一定的创新设计思维和学习能力

析

通过第一步"引"对标企业项目要求及导入任务工单，在"析"这个环节中，首先我们对标本次项目需求，迅速瞄准市场上相似的品牌及相关产品，然后"走市场、精分析"，为本次设计项目提供有力的实际参考。依据相似品牌的调研结果总结归纳出其受众人群、群体特征及产品价格等，确定本次设计的风格、主题和呈现方式，为下一步"做"产品设计奠定基础。

■ 市场调研

（1）调研对象：紫罗兰家纺。紫罗兰家纺产品涵盖了家纺业的套件类、礼盒类、小件类（四件套/六件套）、单件类、枕芯类、床垫毛毯类、靠垫饰品类、夏季用品类、厨卫用品类、儿童用品类十大产品系列，以及布艺家居、智能家居、功能床垫、智能床垫、保健床垫、按摩健康床垫、理疗保健系列等产品，旨在用科技与时尚的作品展现真善美的高品质生活姿态。

（2）产品形态：简约、优雅、格调、轻奢。沿袭着来自意大利的设计理念，镶嵌、绣花、绗缝等工艺和蕾丝花边的适度运用，塑造风格各异的绣花、印花纹样，与流行同步。在产品图案上，紫罗兰家纺的床上套件以清新淡雅的花卉纹样居多，清新的颜色搭配安静柔美的植物元素，工艺上以特色绣花、提花、印花床品为主（图 3-1-2、图 3-1-3）。

图 3-1-2　紫罗兰家纺《浪漫瞬间》印花四件套　　　图 3-1-3　紫罗兰家纺《绿风铃》印花四件套

■ 用户研究

（1）消费群体：25~35 岁的年轻消费群体。

（2）群体特征：此年龄段的消费群体会放心大胆地追求自己的喜欢的事物，有机会体验新鲜事物，同时，思想上更加独立自主，不易被社会所同化。

（3）产品价位：200~500元。

（4）产品内容：墙纸、窗帘、抱枕、地毯及周边文创等。

■ 项目定位

（1）风格：以诗歌中的"径幽闻草香"为灵感来源，提取本草植物作为主要设计元素，如图3-1-4所示，纹样整体呈现出简约清新、现代的风格基调，以低饱和清新淡雅色系为主色调。

图 3-1-4 《本草纲目》儿童手绘版

（2）设计：通过绘画与软件设计，采取单个纹样、与整体组合及纹样配套的方式呈现。

（3）主题：以五种本草植物外形为本次设计元素，分别是菘蓝、赤芍药、金银花、白芥、茱萸。

 做

■ 设计草图

纹样设计草图是表现纹样造型、结构、比例等关注点的综合表现。纹样设计草图是设计师对纹样的造型感知和思考方向。通常情况下，草图所表现的是思维的完整体现。在纹样草图阶段无须过多地考虑细节的绘制、色彩、材质等。在草图绘制阶段，对于纹样的表现可选择的工具没有特别的要求，铅笔、马克笔、手绘板均可。图3-1-5 ~ 图3-1-8所示为设计小组通过使用智能手绘板在Photoshop中绘制的草本纹样的系列草图。

图 3-1-5 菘蓝　　图 3-1-6 金银花　　图 3-1-7 白芥　　图 3-1-8 茱萸

■ 配色方案

在纹样设计中，色彩是首先被人们感知的设计要素。色彩有明度、艳度和色相之分，不同面积的色彩及不同色彩元素的组合会直接影响到纹样设计的整体效果，成功的色彩搭配方案是纹样设计的重要表现手段。依据诗词中提到的"菱黄""秋气""径幽""闻草"等关键词总结出来的色系，在大师经典油画中进行色彩归纳与提取。

（1）配色方案一：凡·高绿色系列配色及色标提取（图3-1-9）。

（2）配色方案二：凡·高绿色系列配色及色标提取（图3-1-10）。

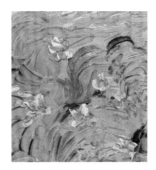

图 3-1-9　凡·高作品《奥威尔绿色的麦田》及色标提取　　　图 3-1-10　凡·高作品《白玫瑰》及色标提取

（3）配色方案三：博尔迪尼粉红系列配色及色标提取（图3-1-11）。

（4）配色方案四：凡·高黄色系列配色及色标提取（图3-1-12）。

图 3-1-11　博尔迪尼作品《夏日午后》及色标提取　　　图 3-1-12　凡·高作品《鸢尾花》及色标提取

■ 纹样深化

元素设计的最后一步就是对已经绘制完成的元素草图及选定的配色方案进行提取与组合，将其应用并延展于完整的纹样元素中。图3-1-13～图3-1-17为设计小组在设计草图的基础上，使用智能手绘板在Photoshop中完成了菘蓝、赤芍药、金银花、茱萸、白芥5种单元元素的深化绘制。

图 3-1-13　菘蓝元素绘制

图 3-1-14　赤芍药元素绘制

图 3-1-15　金银花元素绘制

图 3-1-16　茱萸元素绘制

图 3-1-17　白芥元素绘制

■ 配套方案

　　纹样设计的纹样配套方案设计是要围绕整体环境或空间把相同纹样或相似纹样分别应用在室内纺织用品上,为室内空间营造一种统一协调又富有变化的空间艺术效果。在纹样设计上,应注意保持纹样设计 A、B、C 版的秩序性与连贯性,从而体现纹样配套设计的韵味与和谐。

　　纹样设计的 A 版(图 3-1-18)称为主花型。在主花型中,设计小组将设计前期的 5 种草本植物通过连缀型构图和层层叠加的方式,组合成一幅完整的纹样设计,同时提供了 2 种不同颜色的配色方案。

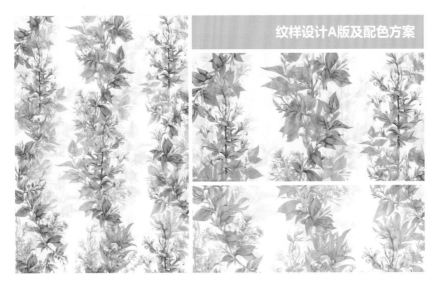

图 3-1-18　纹样设计 A 版配色方案

纹样设计的 B 版（图 3-1-19）、C 版（图 3-1-20）是在主花型的基础上简化后群化处理，使之
和谐统一。这里需要注意的是，B 版和 C 版的设计不宜过于繁杂，以免喧宾夺主。

图 3-1-19   纹样设计 B 版   图 3-1-20   纹样设计 C 版

拓

■ 数字呈现

纹样的数字呈现能够清晰准确地表达出纹样的造型、色彩、结构及材质应用效果等。在数字呈
现阶段，将完整的 A、B、C 版的纹样素材导入布魔方软件对纹样进行数字呈现，实现纹样设计的数
字化展示和应用（图 3-1-21）。

图 3-1-21   纹样数字呈现

■ 饰品配套

　　室内纺织品按照其种类与功能来区分，分为床上用品、挂帷、地毯、墙面、家具覆饰和家居小产品等。在家纺产品设计中，配套产品可根据消费者的需要，把相互间有一定关联的纹样产品组合起来，以满足更多消费者的需求。如图 3-1-22 ~ 图 3-1-25 所示，设计小组对餐具、抱枕、挂帷和毛毯进行了饰品配套设计。

图 3-1-22　餐具纹样数字模拟

图 3-1-23　抱枕纹样数字模拟

图 3-1-24　挂帷纹样数字模拟

■ 效果呈现

　　随着我国经济发展水平的提高，人们的生活发生了质的改变，对衣食住行各个方面的要求进一步提高。其中"住"是人们基本的生存需求之一，人们不断在住得更时尚、住得更舒适的道路上探索。室内空间不仅应具备实用的功能特点，还应满足人们的情感需求与精神需求。纺织品作为室内环境中必不可少的物品，对于室内环境具有巨大的美化作用，纹样设计是将家庭美化与艺术相结合的重要环节。诗歌主题的项目实训秉承"以人为本"的设计观念及居住理念，从设计企划、配套设计、整合设计和应用推广四大方面入手，最终完成了"诗歌"主题的项目实训——径幽闻草香的项目呈现（图 3-1-26、图 3-1-27）。

图 3-1-25　毛毯纹样数字呈现

图 3-1-26　卫浴空间纹样配套
整体数字呈现

图 3-1-27　卧室空间纹样配套
整体数字呈现

评

■ 评分标准

"唐宋诗词"主题项目实训评分表				
评分点		评分标准	分值	得分
过程 评价 （40%）	项目分析 （30%）	准确捕捉企业订单需求和纹样风格要求，选择合理的元素进行纹样设计	12	
	操作技能 （50%）	能准确地运用相关设计软件及工具进行纹样设计	10	
		纹样设计时软件操作规范，合理进行纹样设计、款式设计、纹样配色，合理完成全部内容的绘制	10	
	团队协作 （20%）	小组协作，合理分工，善于发挥自身长处，合理提出有益见解和想法	8	
结果 评价 （60%）	元素选取 （30%）	合理理解诗词的含义，并且从中提取相关纹样设计元素进行主题纹样设计	18	
	构图设计 （20%）	对元素进行合理构图设计，满足主题意境	12	
	纹样配色 （20%）	根据主题意境合理进行纹样配色	12	
	模拟应用 （10%）	将设计完成的纹样合理应用在企业任务书中的相关风格的家居空间	6	
	操作规范 （20%）	项目作品整体制作规范，纹样设计符合企业生产标准，并且具有一定的创新性	12	
总分				

设计成员：李春颖、梁子玲、吴安琪

指导教师：衣明珅、杨晓丽

微课："唐宋诗词"
主题项目实训——
径幽闻草香（1）

微课："唐宋诗词"
主题项目实训——
径幽闻草香（2）

PPT："唐宋诗词"
主题项目实训——
径幽闻草香

第四章
"中华韵律"主题项目实训
——筠乐

引

《春夜洛城闻笛》
唐·李白
谁家玉笛暗飞声，散入春风满洛城。
此夜曲中闻折柳，何人不起故园情。

■ 项目导入

    是谁家的庭院，飞出幽隐的玉笛声？融入春风中，飘满洛阳古城。客居之夜听到《折杨柳》的乐曲，谁又能不生出怀恋故乡的深情？《春夜洛城闻笛》是唐代诗人李白创作的一首诗。此诗抒发了诗人客居洛阳，夜深人静之时被笛声引起的思乡之情，其前两句描写笛声随春风传遍洛阳城，后两句写因闻笛而思乡。全诗扣紧一个"闻"字，抒写诗人自己闻笛的感受，合理运用想象和夸张，条理通畅，感情真挚，余韵无穷。

    本次项目实训的内容是在家用纺织设计中融入古韵主题，一方面能够满足现代人的物质需求和精神需求，同时也是对中国传统文化的提炼、延续与传承。因此，在企业项目实训中应当合理提取与应用古韵元素，从而使设计最终呈现出意境深远、韵味悠长的设计效果。

■ 项目要求

任务工单	
项目来源	某装饰设计有限公司"中华韵律"主题家居纹样设计开发项目
空间风格	适用于新中式家居空间
企业要求	1. 遵循国家家用纺织品行业标准，在限定主题的基础上对纹样进行配套设计； 2. 依据《春夜洛城闻笛》内容提取元素及纹样的造型特征进行纹样再创作，设计出一份完整的纺织品纹样设计； 3. 针对诗词内容进行纹样设计时注意表现纹样的手绘质感； 4. 注重设计表达，使空间与纹样有机融合，满足消费者对功能与审美的需求
任务要求	1. 明确企业项目要求，与企业设计师进行实时沟通，对纹样草图、配色方案、纹样深化和配套方案进行逐一呈现； 2. 作品提交要求：作品设计中应包含设计调研、用户分析、设计定位，床品、墙纸、窗帘完整的纹样配套，以及床品整合、窗帘整合、空间拓展和文创拓展等等，如图 4-1-1 所示，PDF 电子文档格式（位图文件 300 dpi）； 3. 建议学时：16 学时 引　　析　　做　　拓　　评 ✓ 项目导入　✓ 市场调研　✓ 床品配套　✓ 床品整合　✓ 评分标准 ✓ 项目要求　✓ 用户分析　✓ 墙纸配套　✓ 窗帘整合 ✓ 目标导航　　　　　　　✓ 窗帘配套　✓ 空间拓展 　　　　　　　　　　　　　　　　　　✓ 文创拓展 图 4-1-1　纹样设计基本程序
工作标准	[岗] 家纺设计师岗位工作标准产品设计师	1. 调查市场，掌握市场资讯并研究需求，分析产品相关数据，收集意见，及时调整产品形态，优化产品，并提出合理设计建议； 2. 形成市场需求文档，分析流行趋势及面辅料颜色、花型、款式等设计要素，进行市场预测和趋势预测分析，为产品设计拟定设计规划和方案； 3. 组织产品研发小组，根据年度、季度产品开发任务，完成产品系列款式设计、研发、开发花型纹样设计、工艺设计和配色等工作，协调资源，跟进产品的开发，保证日程进度； 4. 熟练使用产品设计流程当中涉及的相关平面及三维软件
	[赛] 中国国际面料设计大赛	1. 将时尚创意、中华瑰宝与市场应用相结合，挑战创意极限，引领产品创意设计的潮流，提升中国纺织行业的创造力； 2. 通过产业链上下游的资源整合与实际应用，促进设计成果实现产业化，提升中国纺织行业的时尚竞争力
	[证] "1+X"产品创意设计职业技能等级（中级）证书	1. 理解主题概念，掌握与纹样设计相关的技术和知识； 2. 考核内容与该行业需求紧密接轨，考察创造性、技术能力与综合能力

知识目标	以李白的《春夜洛城闻笛》为切入点，探索诗词中抒写诗人闻笛的感受。将诗词韵律与纹样相结合，为纹样创新融合提供新思路
能力目标	将诗词中的主题提取成创意元素，并将元素重新组合，促进纹样的设计创新，使之符合现代人的审美观念
素质目标	赓续文化基因，厚植文化自信，培养创新思维与实践能力

析

■ 市场调研

（1）调研对象：罗莱家纺。罗莱家纺产品涵盖了家纺业的套件类、礼盒类、小件类（四件套/六件套）、单件类、枕芯类、床垫毛毯类、靠垫饰品类、夏季用品类、厨卫用品类、儿童用品类十大产品系列，以及布艺家居、智能家居等产品，旨在让人们享受健康、舒适、美的家居生活。

（2）产品形态：精美、高雅、大气，色彩华美。在产品选材上，始终执行严格的标准，确保产品安全、环保、无害；在研发和设计过程中，赋予产品更多的健康功能；并依此为消费者提供健康家居解决方案。满足消费者个性化的审美格调，持续优化视觉体验，发现美、创造美、引领美。将独特的理念和文化融入产品和服务，让消费者感受到心灵的愉悦和生活之美。不断提高产品使用的舒适度，致力于带给消费者更为自由、舒展的家居体验。深入研究消费者家居生活场景，通过产品设计和引入触摸、感知等智能技术，实现人与环境的和谐交融（图4-1-2、图4-1-3）。

图 4-1-2　罗莱家纺《花意轻漫》印花四件套　　　图 4-1-3　罗莱家纺《遇见星辰》印花四件套

■ 用户研究

（1）消费群体：35~45 岁，讲究生活品质的中高收入家庭。

（2）群体特征：该年龄层具有独立消费能力，对于新事物的接受能力强，他们认为独立的空间是必要的需求，购买量和消费水准都较高。

（3）产品价位：2 400～5 000 元。

（4）产品内容：床品、墙纸、窗帘、抱枕及周边文创等。

■ 用户分析

（1）风格定位：以古韵中的"中国传统乐器"为切入点进行家居产品配套设计，提取中国元素与现代点线面技法作为主要设计元素，如图 4-1-4 所示，纹样整体保持简约清新、现代的风格基调，以低饱和清新淡雅色系为主色调。

图 4-1-4　纹样设计概念

（2）设计定位："筠乐"就是将古今诗人抒发的家国情怀与心情作为重要载体，通过乐器和花卉结合，带给中高端人群一种心灵上的感情寄托。

（3）色调定位：以蓝、绿色为主调，辅以经典蓝、砖红和黄色点缀。

（4）元素定位：以传统乐器与花卉相结合。

（5）色彩定位：在纺织品纹样设计中，色彩是首先被人们感知的设计要素。色彩有明度、艳度和色相之分，不同面积的色彩及不同色彩元素的组合会直接影响到纹样设计的整体效果，成功的色彩搭配方案是纹样设计的重要表现手段，如图 4-1-5 所示。

（6）灵感定位：将中国十大传统乐器之一琵琶与花卉相结合，展现鸟语花香的意境，再将中国古代建筑元素与现代点线面表现手法融入其中，展现古韵设计风采，如图 4-1-6 所示。

（7）工艺定位：工艺定位是纹样设计应用中一个非常重要的环节。选取工艺过程中，设计师需要与纹样风格、主题及所属载体相关的工艺进行设计结合，才能更好地提升纹样设计的呈现效果，如图 4-1-7 所示。

①床品：印花为主，少量绣花修饰。

②窗帘：刺绣为主，窗纱为烂花。

③抱枕：印花为主，绣花和高精密拼接为辅。

④墙纸：印花、压花。

图 4-1-5　纹样色彩定位

图 4-1-6　纹样灵感来源

图 4-1-7　《筠乐》工艺定位

■ 材质定位

纹样应用中，材质选取也是一个值得研究的课题。如图 4-1-8 所示，设计过程中，床品部分材质选取以亲肤舒适为要求；窗帘材质选取以透气轻薄为要求；墙纸材质以环保再生为要求，将纹样设计应用推向可持续与人性化的设计高点。

图 4-1-8 《筠乐》材质定位

（1）床品：使用天然莫代尔面料，光泽似真丝，具有较好的柔软性和舒适性。

（2）窗帘：仿真丝面料，是缥纶纤维长丝经过特殊工艺和特种整理，具有类似真丝的外观手感等。从外表看，仿真丝质地轻薄，纤维细腻，具有美感。

（3）墙纸：无纺布，是高档墙纸的一种。采用天然植物纤维，拉力强，环保，不发霉，是新型的环保产品。

 做

■ 床品配套

关于床上用品的纹样配套设计，是设计师把握时代审美与时尚流行的需要。床品以其舒适的面料、优美的花色与造型，可使劳累一天的人们安眠。

由于床品有床单、被套、枕套、靠垫、床罩等各种功能之分，其设计在考虑单件图案构成时，还需兼顾品类间图案排列的呼应，使之成为变化有序的配套形式，因此床上用品的设计一般分 A、B、C 版。A 版是床上用品图案设计的主版，如图 4-1-9 所示，表现为大面积铺盖的形式，最能形成主题创意的风格。

图 4-1-9 床品纹样 A 版及换色方案

■ 墙纸配套

作为一种应用广泛的装饰材料，墙纸装饰性强，种类和款式众多。图案丰富多样，色彩时尚大方，具有其他室内装饰材料不能比拟的优点。如图 4-1-10 所示，设计当代古韵主题中融入中国风元素是时代赋予的要求，营造各种风格的室内空间氛围，更是正确领悟中国风的精神内涵的特色表现。

■ 窗帘配套

在窗帘设计过程中，强化以古韵内涵为精神内核，以传统文化为根基，结合窗帘设计的相关方法与理论，从材质、技法、颜色搭配等表现特质入手，从传统云纹、燕子与音乐韵律元素相互交融的角度出发，如图 4-1-11 所示，设计出协调统一又不失变化的产品，满足现代市场整体家纺时尚化的节奏和多元化的需求。

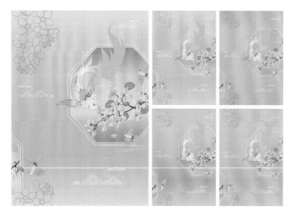
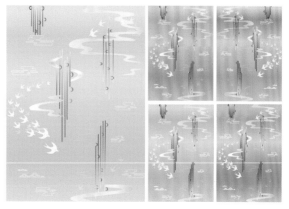

图 4-1-10 墙纸纹样及换色方案　　　　　　　图 4-1-11 窗帘纹样及换色方案

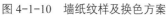
拓

■ 床品整合

当前消费者在选择家居床上用品的过程中，由以前的注重传统的实用功能性逐渐转变为了追求家居床上用品的设计感与多功能性。随着国潮古韵图案在家居床上用品设计中的应用越来越广泛，家居床上用品纹样设计的文化内涵也逐渐提高。在纹样设计上应注意的是纹样设计 A、B、C 版在设计应用过程中的连贯性，如图 4-1-12 所示。A 版为主花纹，应呈现出层次丰富的视觉效果，兼具主题文化气息；B、C 版等的设计过程应当注重与 A 版的设计关联性。

■ 窗帘整合

窗帘纹样设计以布艺窗帘的使用、搭配选择为主要设计研究对象，从风格、窗型、尺寸、样式等内容出发，结合 A、B 版进行设计应用搭配。如图 4-1-13 所示，A 版主要用于窗帘的外帘，凸显整体方案的设计基调；B 版多应用于窗纱等位置，同时与 C、D 版图案进行搭配，也可应用于帘头等部位。

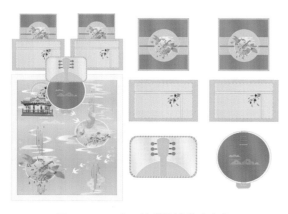
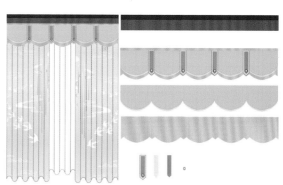

图 4-1-12 床品纹样设计整合方案　　　　　　图 4-1-13 窗帘纹样设计整合方案

■ 空间拓展

在卧室空间纺织品纹样设计过程中，纺织品作为主要装饰物，装点着日常生活的每一个细节。选择合理的纺织品颜色与样式搭配装修风格，能够形成良好的室内环境。卧室空间中纺织品不只是简单的窗帘和床罩等，且纺织品的配套设计与整体室内风格密不可分，要想保障纺织品在室内设计中的有效应用，设计过程需要结合室内设计的主要方向，扩大纺织品的覆盖范围，创造出独特的艺术加工效果，为人们带来丰富的视觉体验（图4-1-14～图4-1-17）。

家用纺织品的纹样配套设计是当下必然趋势，在客厅空间纺织品纹样设计过程中，把室内所有纺织品作为一个整体考虑，实用与美观并存，最大限度地满足人们物质生活和精神心理上的需要。如图4-1-18、图4-1-19所示，客厅空间纺织品纹样设计需要结合客厅纺织品基本功能进行纹样的应用赋予，使室内呈现出和谐统一的视觉效果，提升居住品位。

图4-1-14　方枕纹样数字模拟

图4-1-15　床品纹样数字模拟

图4-1-16　腰枕纹样数字模拟

图4-1-17　毛毯纹样数字模拟

图4-1-18　背景墙纹样数字模拟

图4-1-19　墙纸纹样数字模拟

■ 文创拓展

互联网行业的发展为文创产品的发展提供了更大的发展机遇，同时也带来了巨大挑战，所以文创产品的纹样设计需要更加严格和创新，才能摆脱市场同质化的限制，赢得消费者的喜爱。在文旅融合的背景下，纹样设计应当充分挖掘文化资源，设计出既符合市场需求，又凸显地方特色，同时保持中华文化精神的文创产品，成为当前的重要任务（图4-1-20）。

图 4-1-20　文创产品纹样数字模拟

评

■ 评分标准

	评分点	评分标准	分值	得分
过程评价（40%）	项目分析（30%）	准确捕捉企业订单需求和纹样风格要求，选择合理的元素进行纹样设计	12	
	操作技能（50%）	能准确地运用相关设计软件及工具进行纹样设计	20	
		纹样设计时软件操作规范，合理进行纹样设计、款式设计、纹样配色，合理完成全部内容的绘制		
	团队协作（20%）	小组协作，合理分工，善于发挥自身长处，合理提出有益见解和想法	8	
结果评价（60%）	元素选取（20%）	合理理解主题含义，并从命题主题中提取相关纹样设计元素后进行企业项目实践	12	
	构图设计（20%）	散点式构图合理，按企业要求进行跳接版	12	
	款式设计（20%）	按企业要求绘制窗帘与床品完整款式图	12	
	纹样配色（15%）	色彩搭配合理，避免过度鲜艳，应用适宜居住空间的柔和色系	6	
	纹样配套（15%）	设计完成纹样 A 版，合理设计 B、C 版及相应的配色方案	6	
	模拟应用（10%）	完成纹样、款式及配色后进行相应空间模拟应用	6	
	综合呈现（10%）	作品整体设计及汇报方案制作规范，符合企业任务书要求，并且具有一定的创新性	6	
总分				

"中华韵律"主题项目实训评分表

微课："中华韵律"
主题项目实训——
筠乐（1）

微课："中华韵律"
主题项目实训——
筠乐（2）

PPT："中华韵律"
主题项目实训——
筠乐

设计成员：濮颖琳、梁美珊、丘贞贞
指导教师：杨晓丽、陈欢

第五章
"地域文化"主题项目实训
——梦回大唐

引

■ 项目导入

　　"地域文化"主题项目实训是以地域文化视角为切入点，以"地域文化"如何彰显"文化强国"为创作思路，结合多种创新设计形式，融合课程思政元素，打造古与今、艺与理、知与行相统一的综合项目实训。

　　基于地域文化视野下的家用纺织设计，使地域主题与家纺纹样设计融合。一方面，在展示家纺产品的同时探索地域文化符号深层意义，赋予家纺纹样深厚底蕴；另一方面，将地域特色文化融入实训课程中，有助于纺织品纹样设计课程走深走实。

■ 项目要求

任务工单	
项目来源	佛山市某装饰设计有限公司"地域文化"主题家居纹样设计开发项目
空间风格	适用于新中式家居空间设计
企业要求	1.遵循国家家用纺织品行业标准，在限定"地域文化"主题的基础上对纹样进行配套设计； 2.注重设计表达，使空间与纹样有机融合，着重设计过程中产品的款式设计，满足消费者对功能与审美的需求

	任务工单	
任务要求	1. 以"地域"为创作主题进行创意纹样设计； 2. 自行选取地域元素，通过提取元素及纹样的造型特征进行纹样再创作，设计出一份完整的纺织品纹样设计； 3. 实训重点是将"地域文化"主题的多种元素巧妙地结合，通过纹样的设计、配套、应用等烘托整体的家居氛围； 4. 作品提交要求：作品设计中应包含市场调研、用户研究、产品定位，纹样、款式、花边及窗帘的相关配套设计及面料应用等，如图 5-1-1 所示，PDF 电子文档格式（位图文件 300 dpi）； 5. 建议学时：16 学时 **引**　项目导入　项目要求　目标导航 **析**　市场调研　用户研究　产品定位 **做**　纹样配套　款式配套　花边配套　窗帘配套 **拓**　产品应用　面料应用 **评**　评分标准 图 5-1-1　纹样设计基本程序	
工作标准	[岗] 家纺设计师岗位工作标准产品设计师	1. 以实践案例为切入点，探索地域文化与纺织品纹样相结合的设计策略与方法，为地域文化与纺织品纹样融合提供新思路； 2. 形成市场需求文档，分析流行趋势及面辅料颜色、花型、款式等设计要素，进行市场预测和趋势预测分析，为产品设计拟定设计规划和方案； 3. 组织产品研发小组，根据年度、季度产品开发任务，完成产品系列款式设计、研发、开发花型纹样设计、工艺设计和配色等工作，协调资源，跟进产品的开发，保证日程进度； 4. 熟练使用产品设计流程当中涉及的相关平面及三维软件
	[赛] 中国国际面料设计大赛	1. 将时尚创意、中华瑰宝与市场应用相结合，挑战创意极限，引领产品创意设计的潮流，提升中国纺织行业的创造力； 2. 通过产业链上下游的资源整合与实际应用，促进设计成果实现产业化，提升中国纺织行业的时尚竞争力
	[证] "1+X"产品创意设计职业技能等级（中级）证书	1. 理解主题概念，掌握与纹样设计相关的技术和知识； 2. 考核内容与该行业需求紧密接轨，考察创造性、技术能力与综合能力。

■ 目标导航

知识目标	通过引导和分析后进行项目实践，培养学生独立思考和解决问题的能力
能力目标	熟悉产品开发流程，深入了解产品从概念到落地的全过程，从而有助于在产品设计中作出更加贴合市场的设计
素质目标	通过纹样设计宣传和弘扬地方精神，传承和发扬地方文化，增强学生的自豪感和认同感

析

■ 市场调研

（1）调研对象：伊莎莱。伊莎莱家纺产品风格涵盖了现代风格、美式风格、欧式风格、新中式风格及儿童风格。产品系列丰富，拥有超过 6 000 款原创花型面料。公司治理拓局创新，与墨斗科技、酷家乐行业名企强强联合，打造数字化智慧门店、实现终端运营数智化，实现"全居窗帘软装定制家"的设计理念（图 5-1-2、图 5-1-3）。

①产品形态：轻松、淡雅、高贵、时尚。

②消费群体：35~45 岁，讲究生活品质的中高收入家庭。

③产品价位：1 000~2 500 元。

④工艺特点：拼接、提花、绣花、印花、植绒。

⑤图案特点：简约、小花纹点缀。

⑥材质特点：棉麻、聚酯纤维、纱线。

图 5-1-2　伊莎莱《风雅兰亭》系列产品　　　　图 5-1-3　伊莎莱《流绪微云》系列产品

（2）调研对象：摩力克。摩力克家纺是一家集研发、设计、生产、销售为一体的装饰布企业。其注重面料、花色、工艺、款式的整体产品开发设计，经过四十余载的长足发展，致力于布艺窗帘的设计研发和布艺文化的广泛传播，旨在传承布艺文化，构建和谐家居，如图 5-1-4、图 5-1-5所示。

图 5-1-4　摩力克《幻影纱》系列产品　　　　图 5-1-5　摩力克《都市轻奢－拿铁》系列产品

①产品感观：丝光感强、淡雅、雅典、质朴。

②面料材质：植绒、涤棉。

③图案特点：美好寓意、内敛质朴。

④工艺特点：拼接、提花、绣花、印花。

⑤消费人群：35~45 岁，讲究生活品质的中高收入家庭。

⑥产品价位：1 000~2 500 元。

（3）调研对象：博洋家纺。博洋家居产品涵盖全棉套件、保暖被芯、保暖羽绒、蚕丝芯类、浪漫婚庆、床褥床垫、枕芯类等。产品系列丰富，旨在打造轻奢家居慢生活，如图 5-1-6、图 5-1-7 所示。

图 5-1-6　博洋《清和月蓝》系列产品　　　　图 5-1-7　博洋《铃兰菲兔》系列产品

①产品感观：纯朴、清新、经典。

②面料材质：棉、涤纶。

③图案特点：梅花、山水。

④工艺特点：印花、刺绣。

⑤消费人群：35~45 岁，讲究生活品质的中高收入家庭。

⑥产品价位：500~1 500 元。

（4）调研对象：梦洁。梦洁高端床上用品涵盖套件、夏被、凉席、蚊帐、枕芯、抗菌、蚕丝、羽绒、婚庆、轻奢和儿童系列等，如图 5-1-8、图 5-1-9 所示。

①产品感观：优雅、清新。

②面料材质：纯棉、丝绸。

③图案特点：花卉、现代元素等。

④工艺特点：印染、纺丝、刺绣。

⑤消费人群：35~45 岁，讲究生活品质的中高收入家庭。

⑥产品价位：500~1 500 元。

■ 用户研究

（1）消费群体：35~45 岁，喜欢怀旧，崇尚情怀，注重档次和品质，消费从物质升级向精神升级转变，对享受更加看重，如图 5-1-10 所示。

（2）风格爱好：沉稳、简洁、清秀。

（3）价格定位：床品（500~1 500 元）、窗帘（1 000~2 500 元）。

图 5-1-8   梦洁《秘境花园》系列产品   图 5-1-9   梦洁《四时令》系列产品

图 5-1-10   《梦回大唐》用户定位

■ **产品定位**

（1）灵感来源：以中国地域文化元素为主基调，展现泱泱中华的地域风采，将中国地域文化与现代技法相互融合，展现地域设计特色，如图 5-1-11 所示。

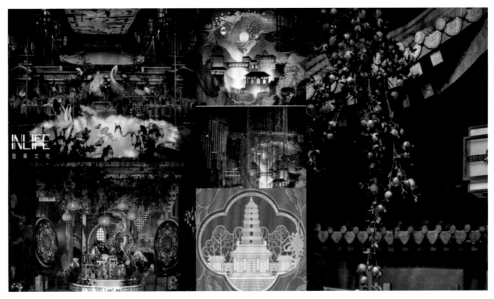

图 5-1-11   纹样灵感来源

（2）款式定位：以中华地域特色元素为切入点进行家居产品配套设计，提取中国元素与现代点线面技法作为主要设计元素。如图 5-1-12 所示，床上用品方面，样式主要用方形、圆形、信封款；窗帘方面，款式主要运用打孔款、拼接款。

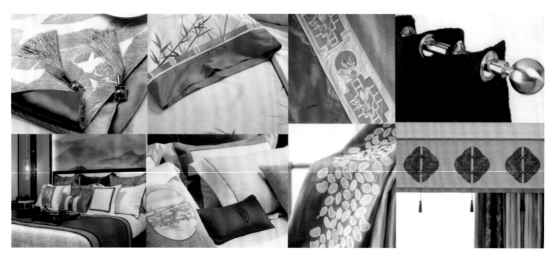

图 5-1-12　纹样款式定位

（3）色彩定位：现代家纺产品随着物质生活水平的提升，人们消费需求升级，已经从最基本的使用功能向着满足人们精神追求的方向进发。家纺设计师们力求使用恰当的色彩来提升产品的感染力，设计出不同色彩风格的作品，以期得到消费者的认可，这早已是家纺市场的一种重要趋势。如图 5-1-13 所示，作品中整体色调以橘色和普蓝色作为基调，结合小色块进行设计搭配。

图 5-1-13　纹样色彩定位

（4）材质定位：新中式床上用品，主要用光泽较弱的素色绸缎类面料，搭配棉、麻等材质降低华丽的质感；窗帘主要运用素色哑光类面料，常用到平绒类及厚实的棉麻织物，如图 5-1-14 所示。

图 5-1-14　纹样材质定位

（5）工艺定位：新中式风格纹样设计在工艺定位方面可加强印绣工艺与纹样创新设计，如采用棉布和帆布分别与网纱面料结合，将设计纹样依照印绣顺序与面料层次排列，实现了刺绣家纺面料的多样化与年轻化。如图 5-1-15 所示，床上用品主要用刺绣、印花等工艺，窗帘主要运用提花、绣花工艺。

图 5-1-15　工艺定位

（6）床品：印花为主，少量绣花修饰。
（7）窗帘：刺绣为主，窗纱为烂花。
（8）抱枕：印花为主，绣花和高精密拼接为辅。
（9）墙纸：印花，压花。

■ 纹样配套

织物纹样配套设计作为室内陈设设计中的重要组成部分，尤其是建筑格局千篇一律，钢筋水泥的坚硬、冰冷，使人们渴望通过织物纹样配套设计来营造柔软、温馨的舒适生活氛围。

床上用品的设计一般分 A、B、C 版，其中 A 版是床上用品图案设计的主版。如图 5-1-16 所示，在设计过程中，设计师结合现代的设计语言、表现手法，展现多元化的室内织物艺术中图案特色，使纹样设计既具有时代感又具有鲜明的中华文化特色。

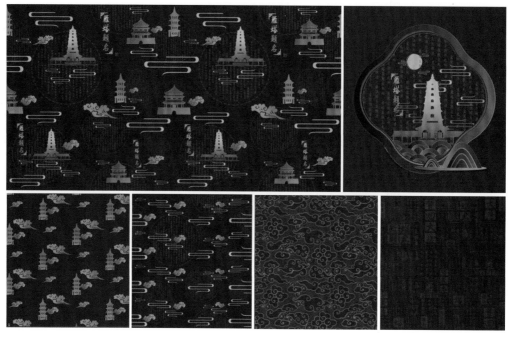

图 5-1-16　《梦回大唐》床品纹样配套设计图

■ 款式配套

在进行款式配套设计过程中，设计师会针对室内织物纹样设计内涵，提出款式配套设计与风格设计的方法，针对织物纹样的造型、色彩合理规划作出全方位的分析。如图 5-1-17 所示，在设计过程中，将地域主题融入款式设计中，同时依据主题要求，进行款色色彩延展，营造符合地域文化特色的室内空间氛围。

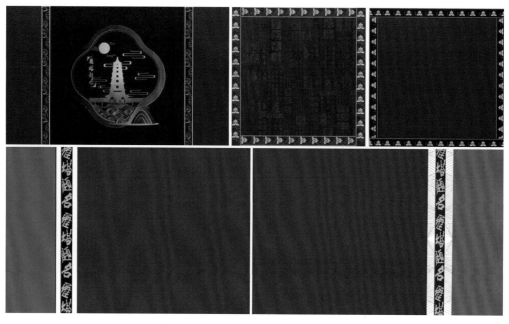

图 5-1-17　《梦回大唐》款式配套设计图

■ 花边配套

在花边设计过程中，强化以中华地域文化内涵为精神内核，以传统文化为根基，结合花边配套设计的相关方法与理论，从材质、技法、颜色搭配等表现特质入手，以及从传统建筑、文字等元素相互交融的角度出发，如图 5-1-18 所示，设计出协调统一又不失变化的产品。

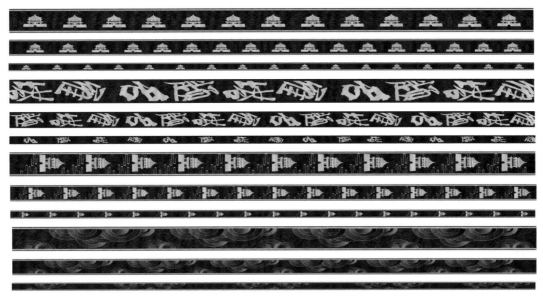

图 5-1-18　《梦回大唐》花边纹样配套设计图

■ 窗帘配套

窗帘纹样配套设计应当从设计主题整体性分析，从面料材质、技法选择、颜色搭配等表现特质入手。在纹样设计上，应注意纹样设计 A、B、C 版在设计应用过程中的连贯性。如图 5-1-19 所示，A 版为主花纹应用在帘头位置，应呈现层次丰富的视觉效果，凸显整体方案的设计基调；B、C 版等的设计过程应当注重与 A 版的设计关联性，色彩上与 A 版配色相关，与 A 版属于关联纹样设计。

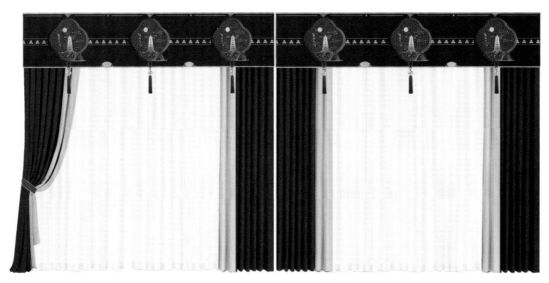

图 5-1-19　《梦回大唐》窗帘纹样配套设计图

拓

■ 产品应用

家纺纹样设计以现代家纺产品为载体，围绕消费者群体的需求展开设计。如图 5-1-20 所示，将纹样主题创新与时尚色融合，应用于现代人生活的家居环境（如腰枕、杯垫等产品）中，实现纹样设计在家纺中的创新应用表达。

图 5-1-20　《梦回大唐》家纺设计应用展示方案（周彭等）

■ 面料应用

在面料纹样设计应用方面，通常设计师为获得较好的纹样和色彩搭配效果，常以市场为导向，以纹样主题为基础，通过新材料、新工艺、新技术与相关设计元素配合，总结面料纹样设计应用中的创新思路与方法。如图 5-1-21 所示，在面料纹样创意应用中，设计师注重突出织物纹样主题设计特点，实现面料应用的高知识性、强融合性，创造高附加值，大大丰富了产品的应用场景。

图 5-1-21　《梦回大唐》面料应用展示方案（周彭等）

评

■ 评分标准

	评分点	评分标准	分值	得分
过程评价（40%）	项目分析（30%）	准确捕捉企业订单需求和纹样风格要求，选择合理的元素进行纹样设计	12	
	操作技能（50%）	纹样设计时软件操作规范，合理进行纹样设计、款式设计、纹样配色	20	
	团队协作（20%）	小组协作，合理分工，团结友爱	8	
结果评价（60%）	元素选取（20%）	合理理解主题含义，并从命题主题中提取相关纹样设计元素后进行企业项目实践	12	
	构图设计（20%）	散点式构图合理分布，按企业要求进行接版	12	
	款式设计（20%）	按企业要求绘制窗帘、抱枕的完整款式图	12	
	纹样配色（15%）	色彩搭配合理，凸显地域文化特色	9	
	纹样配套（15%）	设计完成纹样 A 版，合理设计 B、C、D、E 版及一个单独纹样	9	
	模拟应用（10%）	完成纹样、款式及配色后进行相应空间模拟应用	6	
总分				

"地域文化"主题项目实训评分表

设计成员：周上民、彭倩盈

指导教师：杨晓丽、衣明珅

微课："地域文化"
主题项目实训——
梦回大唐（1）

微课："地域文化"
主题项目实训——
梦回大唐（2）

PPT："地域文化"
主题项目实训——
梦回大唐

第六章
"东方神话"主题项目实训
——山海经·知音

■ 项目导入

　　神话是由人民集体口头创作，表现对超能力的崇拜、斗争及对理想追求和文化现象的理解与想象的故事，属民间文学的范畴，具有较高的哲学性、艺术性。千百年来，神话一直是文人墨客与民间艺人进行创作的不朽源泉，对后世影响深远。神话并非现实生活的科学反映，而是由于远古时代，人类开始思考与探索自然并结合自己的想象力所产生的。本项目实训以神话为主题，将神话故事与纺织品的纹样设计相结合。在设计过程中应该良性提取神话故事中的优秀元素，汲取其文化精神，激起神话故事与现代纹样的交织碰撞。

■ 项目要求

任务工单	
项目来源	某家居设计有限公司"东方神话"主题家居纹样及包装设计开发项目
空间风格	适用于新中式家居空间设计
企业要求	1.提取神话故事中的设计元素，改变传统神话文化元素的应用现状，在纹样设计中，本次课程内容以"东方神话"为创作主题进行主题创意纹样设计； 2.运用神话故事中的各类元素形象进行纹样设计，提取多种元素进行转化； 3.凸显神话故事中的文化元素内涵，结合当代思想价值理念，对神话故事在保留传统特征时予以纹样设计的大胆创新，并深入发掘其应用价值； 4.对产品的外包装同步设计

续表

		任务工单
任务要求		1. 明确企业项目要求，与企业设计师进行实时沟通，对纹样的配套、拓展及面料和产品进行整合，其中拓展部分增加产品礼盒配套等进行逐一呈现； 2. 作品提交要求：作品设计中应包含市场调研、用户研究、产品定位、纹样、款式等，如图 6-1-1 所示，PDF 电子文档格式（位图文件 300 dpi）； 3. 建议学时：16 学时 **引** ✓ 项目导入 ✓ 项目要求 ✓ 目标导航　**析** ✓ 市场调研 ✓ 人群定位 ✓ 产品定位　**做** ✓ 纹样设计 ✓ 纹样配套 ✓ 纹样拓展 ✓ 面料拓展　**拓** ✓ 产品整合 ✓ 礼盒配套 ✓ 项目呈现　**评** ✓ 评分标准 图 6-1-1　纹样设计基本程序
工作标准	[岗] 家纺设计师岗位工作标准产品设计师	1. 项目实训的重点是将主题的多种元素巧妙地结合，通过纹样的设计、配套、应用等营造出灵性家居氛围。难点在于如何对神话精髓进行提取，整合成创意纹样； 2. 自行选取东西方神话故事，提取元素及纹样的造型特征进行纹样再创作，设计出一份完整的纺织品纹样设计
	[赛] 中国国际面料设计大赛	1. 将时尚创意、中华经典传统元素与市场家居产设计应用相结合，挑战创意极限，引领产品创意设计的潮流，提升中国纺织行业的和创造力； 2. 通过产业链上下游的资源整合与实际应用，促进设计成果实现产业化，提升中国纺织行业的时尚竞争力
	[证] "1+X"产品创意设计职业技能等级（中级）证书	1. 理解主题概念，掌握与纹样设计相关的技术和知识； 2. 考核内容与该行业需求紧密接轨，考察创造性、技术能力与综合能力

■ 目标导航

知识目标	中国文化从上古乃至更早的时代开始流传，是值得每一个中国人骄傲的事情。本次企业项目实训是以"东方神话"为切入点，将其中的经典元素与家居设计相结合综合实训，为纹样创新融合提供新思路
能力目标	将神话中的主题提取成创意元素，并将元素重新组合，促进纹样的设计创新，使之符合现代人的审美观念
素质目标	1. 以上古神话感召学生，增强学生的民族意识，培养爱国情感； 2. 以神话蕴含的民族精神号召奋斗拼搏的同时，增强学生民族自豪感； 3. 激发学生学习传统文化的热情，弘扬优秀传统文化，增强学生文化自信

析

■ 市场调研

（1）调研对象：惠谊家纺。中式品牌惠谊家纺以传播"东方美学"为己任，研习东方文化，探本究源，以沉淀、传承和提炼东方神韵，与现代融合共鸣展现东方至美，把诗乐的意境和风雅巧妙沁入中式生活空间里（图6-1-2）。

（2）消费人群："80后"为主要消费人群。

（3）风格分类：古典中国风、新中式、欧式古典风等。

（4）人群分析：消费者相对购买力高，购买中高档品牌的消费人群。

图 6-1-2　惠谊家纺《秋山翠晚》提花四件套

■ 人群定位

用户研究是纹样设计调研阶段较为重要的一个环节。在这个阶段，首先应从不同年龄段的消费人群入手，通过分析他们的购买能力和消费水平，对用户定位的大概范围有所了解。其次，在各年龄段中重点分析了"80后"人群，并对他们做了全方位、深层次的了解与分析。最后，将消费人群锁定在35~45岁，这个年龄段的消费者注重品质生活，追求时尚自由。

■ 产品定位

（1）主题定位：山海经异兽，谁道知音无觅处？《山海经》成书于战国时期至汉代初期，自古迄今，人们一直用一种神秘的眼光看《山海经》，其展示的是远古的文化，记录的是大荒时期的生活状况与人们的思想活动，勾勒出了上古时期的文明与文化状态。本次神话主题的项目实训以《山海经·知音》为设计灵感来源，"知音"一词表达了愿所有人都能遇到知音的美好愿景。

（2）元素定位：在纹样设计中，主要的元素为花卉和《山海经》动物，采用工笔国画的表现手法。在元素的选取上注重文化精神和吉祥寓意。

（3）色彩定位：整个纹样设计的色彩基调以灰绿、米黄为主，金黄等其他颜色点缀，体现纹样的古色古香风尚，相得益彰，典雅大方（图6-1-3）。

图 6-1-3　《山海经·知音》配色方案

纹样设计

　　需求即导向，纹样设计要掌握时代脉搏，顺应时代潮流，体察现实生活，针对大众的需求进行设计。本次设计方案从不同角度分析了《山海经》中的典故，并且有针对性地提取元素，尽量丰富纹样内容。在主纹样设计中，以"祥瑞之鸟"——凤凰、四角鹿——夫诸、四方瑞兽——南方朱雀为设计主体，采用图像与山、海、日、月相结合的方式，营造出神秘、梦幻、美好、现代等多重层次之感。这样的表现手法既表现了传统文化的韵味，也符合现代审美要求（图 6-1-4）。

图 6-1-4　《山海经·知音》主体纹样设计及小样搭配

纹样配套

　　在纺织品纹样设计中，不同的纹样设计有不同的配套方法。本次项目实训中选用的是相似纹样的纹样配套设计方法。纹样设计的 B 版提取了主花型中的山峦、朱雀元素，重新构图进行配套（图 6-1-5），按此类方法设计了 C（图 6-1-6）、D（图 6-1-7）、E（图 6-1-8）版进行纹样配套设计。

图 6-1-5　纹样设计 B 版及配色方案

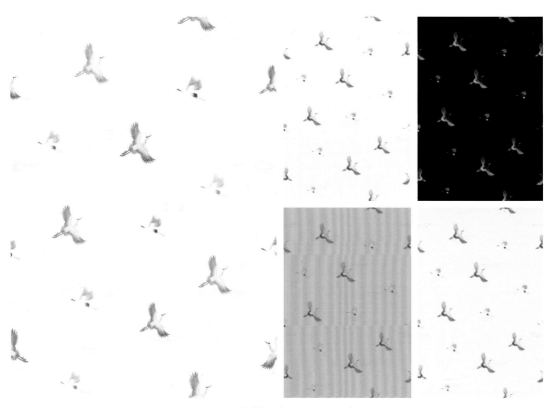

图 6-1-6　纹样设计 C 版及配色方案

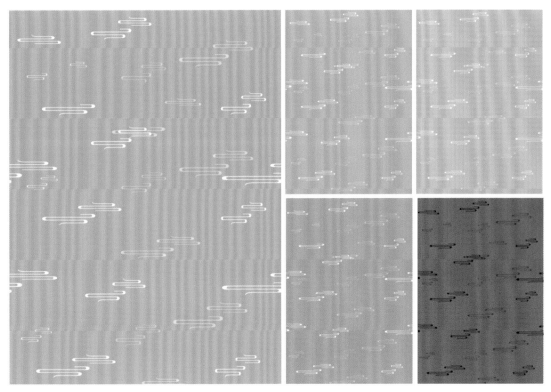

图 6-1-7　纹样设计 D 版及配色方案

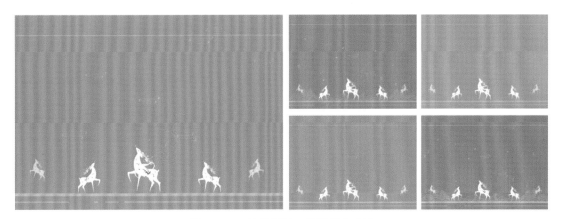

图 6-1-8　纹样设计 E 版及配色方案

■ 纹样拓展

在完成了纹样设计主花型和辅助花型的基础上，设计了两幅单独纹样为纹样设计的拓展纹样，如图 6-1-9 所示。

■ 面料拓展

将完整的纹样配套设计图应用在面料上，可快速直观地感受面料的应用效果，如图 6-1-10 所示。

图 6-1-9　拓展纹样

图 6-1-10　面料整合小样

拓

■ **产品整合**

产品整合效果图能够培养创新设计思维，并且辅助创新设计的完成。在熟练掌握产品设计手绘技法的同时，达到手、脑、眼同时工作，学生才能够准确迅速地捕捉设计效果，培养创新设计思维，辅助完成设计。

产品效果图的整合会呈现非常直接的产品应用效果，比如对于质感、材质、色彩等。利用虚拟仿真软件的精确模拟可修正整体、调节颜色，材质更加逼真（图 6-1-11 ~ 图 6-1-13）。

图 6-1-11　方枕产品模拟应用

图 6-1-12   腰枕产品模拟应用

图 6-1-13   面料搭配模拟应用

■ 礼盒配套

为了迎合高端消费人群的喜好，通过重新对传统家纺产品的包装形式进行改进优化，通过增加配套礼盒的设计，提升产品的品质和档次。设计方案中，从礼盒的成型材料、产品尺寸优化、产品包装配套等方面深层次为宣传产品的内在品质和外在形象作出相应的视觉表述，如图 6-1-14 所示为礼盒平面图，如图 6-1-15 所示为配套礼盒效果图。

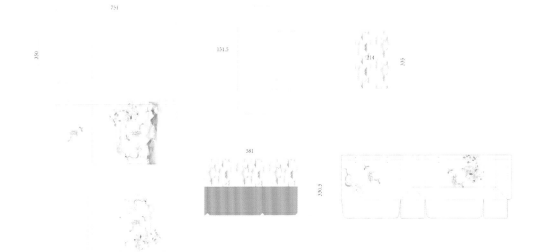
图 6-1-14   礼盒平面图

图 6-1-15   礼盒应用效果图

　　以神话为主题的纺织品纹样设计项目实训，从分析《山海经》元素入手，在文化复兴融合的新时代，此次项目实训学生小组对中国传统的《山海经》元素进行有效的提取、整合，运用在家用纺织品纹样设计上。项目的最终呈现增添了家装空间设计的神秘色彩，同时也吸引更多人对《山海经》及中国传统神话文化的关注，延续文化的生命和价值（图 6-1-16～图 6-1-18）。

图 6-1-16　空间局部应用效果呈现

图 6-1-17　产品综合配套

图 6-1-18　产品综合配套

评

■ 评分标准

	"东方神话"主题项目实训评分表			
评分点		评分标准	分值	得分
过程评价（40%）	项目分析（30%）	准确捕捉企业订单需求和纹样风格要求，选择合理的元素进行纹样设计	12	
	操作技能（50%）	能准确地运用相关设计软件及工具进行纹样设计	20	
		纹样设计时实用软件操作规范，合理进行纹样设计、款式设计、纹样配色，合理完成全部内容的绘制		
	团队协作（20%）	小组协作，合理分工，善于发挥自身长处，合理提出有益见解和想法	8	
结果评价（60%）	元素选取（20%）	合理理解主题含义，并从命题主题中提取相关纹样设计元素后进行企业项目实践	12	
	构图设计（20%）	散点式构图合理分布，按企业要求进行跳接版	12	
	纹样配色（20%）	色彩搭配合理，避免过度鲜艳，应用适宜居住空间的柔和色系	12	
	纹样配套（20%）	设计完成纹样 A 版，合理设计 B、C 版及相应的配色方案	12	
	包装设计（10%）	完成纹样、款式及配色后进行相应空间模拟应用	6	
	综合呈现（10%）	作品整体设计及汇报方案制作规范，符合企业任务书要求，并且具有一定的创新性	6	
总分				

设计成员：杨燕、麦世雪、张涛
指导教师：高洁、陈欢

微课："东方神话"
主题项目实训——
山海经·知音（1）

微课："东方神话"
主题项目实训——
山海经·知音（2）

PPT："东方神话"
主题项目实训——
山海经·知音

第七章
"关爱儿童"主题项目实训
——巡回·马戏团

■ 项目导入

　　家是儿童逗留时间最多的地方之一。父母总希望给孩子最好的，都想在最好的环境中让孩子健康成长，要给孩子们一个健康放心的生活空间。设计师不仅需要关注孩子们使用的儿童纺织品材质是否健康环保，也需要尽量满足他们的视觉喜好，才能让儿童真正拥有一个快乐舒适的成长天地和睡眠空间。儿童家纺设计趋势以多元化的角度呈现婴幼童不同主题的趋势，强调图案的工艺、色彩、面料在趋势性与实用性及美观性中的应用。因此，在家用纺织设计中融入"关爱儿童"主题，在设计中应当积极应用趣味设计元素，使设计达到舒适愉悦的设计效果。

■ 项目要求

任务工单	
项目来源	某儿童产品公司关于"关爱儿童"主题设计开发项目
空间风格	适用于儿童风格
企业要求	1. 遵循国家家用纺织品行业和服装行业标准，在限定主题的基础上对纹样进行配套设计； 2. 注重设计表达，使产品与纹样有机融合，满足儿童纺织品对功能与审美的需求； 3. 将多种元素巧妙地联系在一起，本次课程内容将以"儿童"为创作主题进行主题创意纹样设计； 4. 以实践案例为切入点，探索儿童主题与纺织品纹样相结合的设计策略与方法，为儿童主题与纺织品纹样融合提供新思路

续表

任务工单		
任务要求	1. 明确企业项目要求，与企业设计师进行实时沟通，对纹样草图、配色方案、纹样深化和配套方案进行逐一呈现； 　　2. 作品设计中应包含设计企划、配套设计、整合设计和应用推广四个部分，如图 7-1-1 所示，PDF 电子文档格式（位图文件 300 dpi）； 　　3. 建议学时：16 学时 **引**　✓ 项目导入　✓ 项目要求　✓ 目标导航 **析**　✓ 市场调研　✓ 用户研究　✓ 项目定位　✓ 产品分类　✓ 调研总结 **做**　✓ 设计草图　✓ 图形深化　✓ 配套方案 **拓**　✓ 文创产品　✓ 婴儿产品　✓ 布艺系列　✓ 综合展示 **评**　✓ 评分标准 图 7-1-1　纹样设计基本程序	
工作标准	[岗] 家纺设计师岗位 工作标准	1. 掌握各类市场资讯，分析流行趋势及面辅料颜色、花型、款式等设计要素，进行市场预测和趋势预测分析； 　　2. 根据年度、季度产品开发任务，完成产品系列款式设计、研发、开发花型纹样设计、工艺设计和配色等工作； 　　3. 熟练使用纹样设计流程当中涉及的相关平面及三维软件
	[赛] 中国国际面料设计大赛	1. 将时尚创意、文化传承与市场应用相结合，挑战创意极限，引领纺织面料设计的潮流，提升中国纺织行业的创造力； 　　2. 通过产业链上下游的资源整合与实际应用，促进设计成果实现产业化，提升中国纺织行业的时尚竞争力
	[证] "1+X"文创产品 数字化设计（中级）	1. 理解主题概念，掌握与纹样设计相关的技术和知识； 　　2. 考核内容与该行业需求紧密接轨，考查创造性、技术能力与综合能力。

■ 目标导航

知识目标	以实践案例为切入点，探索诗歌与纺织品纹样相结合的设计策略与方法，为儿童纺织品纹样融合提供新思路
能力目标	将儿童主题思想提取成创意元素，并将元素重新组合，促进纹样的设计创新，使之符合当代儿童的审美观念
素质目标	求真务实，关爱儿童，有一定的创新设计思维和学习能力

析

　　通过第一步"引"对标企业项目要求及任务工单的导入，在"析"这个环节中，首先我们对标本次项目需求，迅速瞄准市场上相似的品牌及相关产品，然后"走市场、精分析"为本次设计项目提供有力的实际参考。依据相似品牌的调研结果总结归纳出其受众人群、群体特征及产品价格等，确定本次设计的儿童主题、设计方法与呈现方式，为下一步"做"产品设计奠定基础。

（1）调研对象：中国国家博物馆旗舰店。中国国家博物馆旗舰店产品涵盖了古韵家居、国风配饰、国博文房、雅致生活等产品系列，旨在让人们享受国风新品，沉浸于东方魅力（图 7-1-2、图 7-1-3）。

①调查产品：文创系列、文具套装。

②产品感观：传统纹样与现代产品相结合。

③图案特点：中国传统元素、复古时尚。

④消费人群：20~35 岁的年轻人群。

⑤产品类别：文具用品（书签、笔记本、纸胶带、文件夹、文具礼盒、其他文具）。

⑥产品价位：112~468 元（含礼盒价）。

图 7-1-2　中国国家博物馆旗舰店《有凤来仪》餐具　　图 7-1-3　中国国家博物馆旗舰店《似水年华》颈带

（2）调研对象：童泰母婴旗舰店。童泰——关心孩子，创造未来。童泰品牌专注于新生婴幼儿产品，一直以安心、健康、环保为理念，长久以来受新生妈妈信赖并以专注、品质、可靠的口碑相传。其多年的沉淀使童泰成为新生儿产品的首选品牌（图 7-1-4、图 7-1-5）。

图 7-1-4　童泰母婴旗舰店包被　　　　　　　图 7-1-5　童泰婴儿包巾

①调查产品：布艺类儿童衣物、用品。

②产品感观：简约图案带可爱卡通元素。

③图案特点：简约、可爱、时尚。

④消费人群："90 后""00 后"的年轻人群。

⑤产品类别：口水兜、婴儿衣物、婴儿被子、床品等婴儿布艺用品。

⑥产品价位：6.5~233 元。

■ 用户研究

（1）消费群体："90 后"年轻一代。

（2）群体特征："90 后"较多都已经为人父母，新一代的父母比起上一代的父母选择性较多，对婴儿用品也追求设计感。他们往往更加注重生活幸福感，并通过购买产品的方式提升生活幸福感，而对于新鲜事物很敏感，且乐意去尝鲜。

（3）产品内容：具备独特创意性的产品。

■ 项目定位

以儿童主题中的"马戏团表演（小丑游行、魔术表演、杂技表演）"为切入点进行家居产品配套设计，如图 7-1-6 所示，纹样整体采用童趣插画设计特点，秉承时尚简约、趣味性、娱乐性的风格，以多元彩色为主基调。

图 7-1-6　设计概念

■ 产品分类

（1）文创类：日历、贴纸、袋子、笔记本、海报筒。

（2）布艺类：家居软装（被子、抱枕）、婴儿用品（口水兜，衣服）。

（3）其他：陶瓷类（杯子、碗、碟子）。

（4）其他配件：手机壳、明信片。

■ 调研总结

（1）消费对象：文创产品的消费者是"90后"与"00后"的年龄段，主要定位在新时代年轻一代。

（2）风格爱好：偏向于时尚简约风格，不仅要外观好看，更要注重实用性及价格，经济实惠兼具实用性的产品更深得年轻一代的喜爱。

（3）款式特点：纹样精致可爱，无须过多的繁华复杂的装饰。

（4）主题敲定：马戏团。主题定位即从创意挖掘角度入手，对儿童主题产品的种类和特点进行分析，并提出设计存在的问题，结合设计方向探寻了儿童主题的感性意象与设计创意间的关系，旨在建立符合消费者需求的产品设计概念与目标定位。如图7-1-7所示，马戏团是进行马戏表演的团体组织。现代的马戏团也在圆形场地中演出，因此演变成马戏团的意思。马戏的主要内容是动物表演，之所以被称为马戏，是因为最早的表演的主角是马，之后才陆续出现其他的动物演员。

图7-1-7　主题概念图

做

■ 设计草图

在纹样设计课程中，图形草图绘制是学生以用手绘的形式对创意构思进行表达，是学生完成课题的基础，更是课题设计方案可行性的前提、学生表达创意的形式、学生锻炼表达能力的工具。因此，图形草图绘制应该在纹样设计教学中受到重视。如图7-1-8所示，依据设计的主要方向与参考，按照A、B、C、D版进行纹样的有序绘制，更能凸显纹样的系列化与趣味感。

图7-1-8　纹样草图

■ 图形深化

纹样设计的过程，是从材质、技法、颜色搭配等表现特质入手，从图形草稿出发，进行不断深化的过程，有助于画面呈现出丰富的故事性与视觉冲击力，满足现代市场整体家纺时尚化的节奏和多元化的需求（图7-1-9）。

■ 设计主图

图 7-1-9　设计主图

■ 设计说明

提到马戏团，固有印象是可以给人带来快乐，它们有给大家带来欢笑的魔力，深受儿童喜爱。我们运用了马戏团一些主要项目，以小丑表演、杂技表演为主题。运用鲜艳的色彩搭配可爱的图案，适用范围较广，从儿童用品到文创文具系列、日常用品。

■ 系列图案（图 7-1-10~ 图 7-1-13）

图 7-1-10　系列图案 A 版

图 7-1-11　系列图案 B 版

图 7-1-12　系列图案 C 版

图 7-1-13　系列图案 D 版

■ 配套方案

纹样系列配套设计在纺织品配套设计中具有重要作用，它能直接展现出装饰风格，从而提高纺织品配套设计水平，如图 7-1-14 ~ 图 7-1-17 所示。

图 7-1-14　配套方案 A 版（温钰仪等）　　　图 7-1-15　配套方案 B 版（温钰仪等）

图 7-1-16　配套方案 C 版　　　图 7-1-17　配套方案 D 版

拓

■ 文创产品

文创产品的发展不仅可以满足人民日益增长的文化需求，还可以推动相关产业的发展，为经济增长注入新的动力。如图 7-1-18 所示，将配套纹样应用于环保袋、台历、明信片上，符合儿童产品的审美需求与使用需求。

图 7-1-18　文创产品应用效果

■ 婴儿产品

婴儿作为社会年龄阶段性群体消费，其用品种类也日益增加，为了促进产品销售，婴儿产品包装设计日趋多样。如图 7-1-19 所示，设计上紧密结合面料材质、色彩、图案、款式设计等要素，体现出儿童主题设计的时尚性和时代性，凸显"关爱设计"文化。

图 7-1-19　婴儿产品应用效果

■ 布艺系列

儿童布艺产品在现代家庭中越来越受到人们的青睐，不仅体现着时尚与趣味并存的观念，也营造了舒适有趣的儿童成长环境。如图 7-1-20 所示，布艺从简单的环保袋、靠垫、床品等较为单一的产品进行不同的组合，延伸成完整的系列，能够呈现出居室不同的面貌，使室内陈设个性效果更加丰富，它给人带来浓厚的归属感，让住宅不是一个索然无味的展示面，而是能够丰富生活且有益于生活的添加剂。

图 7-1-20　布艺系列产品应用效果

■ 综合展示

　　《马戏团》主题原创图案以手绘手法和淡雅柔和的色彩为核心。如图 7-1-21 所示，通过小丑、魔术、彩旗等卡通元素，为趣味婴幼童服装相关单品提供图案开发方向，完美展现出可爱又充满活力的设计风格。

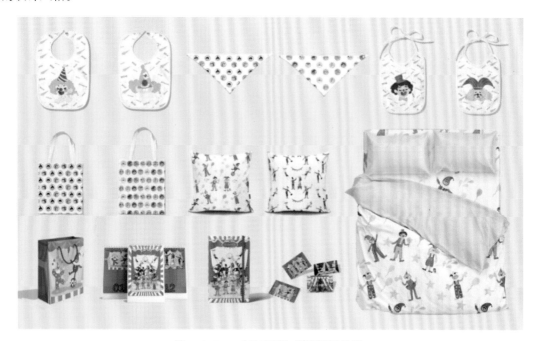

图 7-1-21　《马戏团》系列展示效果

　　如今，越来越多的家长希望通过趣味卡通元素来浸润孩子的成长，培养孩子的文化自信。如图 7-1-22 所示，设计中通过小丑、魔术等马戏主题元素，赋予了婴幼童产品以故事性与时尚性，熏陶着新一代的文化情操。

图 7-1-22　《马戏团》整体呈现效果

评

■ 评分标准

"关爱儿童"主题项目实训评分表				
评分点		评分标准	分值	得分
过程评价（40%）	项目分析（30%）	准确捕捉企业订单需求和纹样风格要求，选择合理的元素进行纹样设计	12	
	操作技能（50%）	能准确地运用相关设计软件及工具进行纹样设计	10	
		纹样设计时实用软件操作规范，合理进行纹样设计、款式设计、纹样配色，合理完成全部内容的绘制	10	
	团队协作（20%）	小组协作，合理分工，善于发挥自身长处，合理提出有益的见解和想法	8	
结果评价（60%）	元素选取（30%）	关爱儿童，并且从中提取相关纹样设计元素进行主题纹样设计	18	
	构图设计（20%）	将元素进行合理构图设计，满足主题意境	12	
	纹样配色（20%）	根据主题意境合理进行纹样配色	12	
	模拟应用（10%）	将设计完成的纹样合理应用在企业任务书中的相关风格的家居空间	6	
	操作规范（20%）	项目作品整体制作规范，纹样设计符合企业生产标准，并且具有一定的创新性	12	
总分				

微课："关爱儿童"
主题项目实训——
巡回·马戏团（1）

微课："关爱儿童"
主题项目实训——
巡回·马戏团（2）

PPT："关爱儿童"
主题项目实训——
巡回·马戏团

设计成员：温钰仪、徐家怡
指导教师：陈欢、高洁

REFERENCES
参考文献

［1］霍康，林绮芬．软装布艺设计 [M]．南京：江苏凤凰科学技术出版社，2017.

［2］林绮芬，霍康．家居纺织品配套设计 [M]．北京：北京大学出版社，2016.

［3］周慧．纺织品图案设计与应用 [M]．北京：化学工业出版社，2016.

［4］张建辉，王福文．家用纺织品图案设计与应用 [M].2 版．北京：中国纺织出版社，2015.

［5］徐百佳．纺织品图案设计 [M]．北京：中国纺织出版社，2009.

［6］雍自鸿．染织设计基础 [M]．北京：中国纺织出版社，2008.

［7］汪芳．染织图案设计教程 [M]．上海：东华大学出版社，2008.

［8］周李钧．现代绣花图案设计 [M]．北京：中国纺织出版社，2008.